JN091442

# 70歳のウィキペディアン

## 図書館の魅力を語る

門倉百合子

# 70 歳のウィキペディアン

## ～図書館の魅力を語る～

A 70-year-old Wikipedian talks about the charm of libraries

# はしがき

インターネットで何か調べ物をすると、ウィキペディアの記事がヒットすることがよくあります。皆さんはウィキペディアについてどう考えてらっしゃいますか。ウィキペディアが出始めたころは、玉石混交の記事が多く、あてにならないという評価が多かったように思います。しかし最近では記事の数も増え、内容の改善も進み、多くの公的機関からリンクが張られているのも見かけるようになりました。それでも「ウィキペディアは信頼できないから見ない」という人に出会うことがあり、それはそれで一つのスタンスだと思うのですが、現代の特に若者は何でも疑問点はインターネットで検索し、その結果が得られないものは世の中に存在しない、と考えがちなのもよく聞く話です。

私は司書として、確かな情報を利用者に伝えるのが大事と思って仕事をしてきましたので、ある時たくさんの人が見るウィキペディアを非難したり無視したりするのではなく、ウィキペディアに出典の確かな情報を載せることに人生の時間を使いたい、と考えました。そこでまずウィキペディア自体に書いてある編集のやり方を独学し、いくつかのイベントに参加して先輩方にポイントを教わりながら、記事の執筆と編集を実践してきました。2016年に始めてからこれまでに、新規に記事を作成したり、外国語版から翻訳したり、情報を加筆したりした記事の数が170件ほどになりました。その中でよくわかったのは、ウィキペディアは好き勝手に記事を書いていいわけではなく、様々なポリシーやガイドラインがあること、そして大事なのは「出典」、つまり情報の出所をきちんと書くことでした。

ウィキペディアの記事を書いたり編集したりする人のことをウィキペディアンといいますが、その様相は一通りではありません。100人いれば100通りのウィキペディアンのスタイルがあります。一方でウィキペディアンの多くは「若い男性」といわれていますが、私は常々知識と経験が豊富でしかも時間のある高齢者こそ、男女を問わずウィキペディアンに相応しいと思っています。そして今現在若い人も、時が経てば必ず高齢者になります。そこで、これからウィキペディアンになってみようという方にとって、私の歩みが何かしらのヒントになればと思い、まとめてみることにしました。

この本の第1章では、そもそもの最初から私がいかにしてウィキペディアに親しんだかを書き綴ってみました。続く第2章では、ウィキペディアに親しむ基盤を身に着けた、渋沢栄一記念財団での仕事を振り返りました。そして第3章では、実際に私が執筆したウィキペディアの記事について、いろいろな側面から紹介しています。最初から順番に読んでいただく必要はなく、目次や巻末の索引などを参考にご興味のあるところからページを繰っていただければと思います。内容に充分アクセスできるように、人名、団体名、事項名、Wikipedia執筆記事名の、4種類の索引を用意しました。

【ウィキペディアとは】

本文に入る前に、ウィキペディアの概要を最初にまとめておきます。ウィキペディアは2001年にアメリカの2人の人物によって始められた、インターネット上の百科事典です。日本語を含む300以上の言語版があり、世界中の多くのボランティアによって編集が行われ、無料で利用ができます。運営はアメリカに本部を持つ非営利組織のウィキメディア財団が行なっており、財源は広告にたよらず主に寄付に依っています。2022年5月現在5,800万件以上の記事が掲載され、日本語版には130万件以上の記事があり、全体の12番目に記事が多い言語になっています。平凡社の『世界大百科事典』最新版の項目数が約9万件であるのと比べれば、その規模の大きさが理解できます。なお日本に財団の支部は無く、日本語版の運営はボランティアが行なっています。

ウィキペディアの記事は誰でも執筆や編集ができるのが特徴ですが、そこには「独自研究は載せない」「中立的な観点」「検証可能性」という3つの大きな方針があります。「独自研究は載せない」というのは未発表の情報を書いてはだめ、ということで、まず信頼できる媒体に情報を載せるのが先です。「中立的な観点」というのは偏向した情報だけではだめ、ということで、論争がある記事の場合は賛否双方の観点を載せる必要があります。「検証可能性」というのは、書かれた内容を誰でもいつでも検証できる、つまり出典を明記するのが大事ということです。ポイントはその内容が「真実かどうか」ではなく、「検証可能かどうか」なのです。私がウィキペディアを書いていることを知った方から、「この人について書いてもらえますか」と聞かれることがありますが、その人について私がよく知っていたとしても、信頼できる第三者が書いた中立的な情報源が複数なければ、ウィキペディアに記事を書くことはできません。そしてこうした方針があることを理解しておけば、検索してでてきたウィキペディアの記事が信頼できるかどうかを、ある程度判断できます。はっきりしているのは、出典の無い記事はあてにならないということです。

なお、ウィキペディアのことを「ウィキ」と省略して話す方がたまにおられますが、「ウィキ」というのは不特定多数のユーザーが直接コンテンツを編集するシステムのことを指します。またウィキペディアの姉妹プロジェクトには「ウィキデータ」とか「ウィキメディア・コモンズ」とかがあり、運営しているのは「ウィキメディア財団」です。そこで混乱を避けるために、また正しい表現を普及させるために、この本では省略せずに「ウィキペディア」と記載いたします。

この本でウィキペディアについての理解が少しでも深まり、書き手となる方が一人でも増えれば嬉しいです。

**門倉 百合子**

【目 次】

**《Wikipedia 執筆記事の記録　2023 年１月～５月》**



カバー／章トビラ イラスト：AiLeeN
本文イラスト：伊藤理恵

## 【凡　例】

・参照できるウェブサイトについては、サイト名に続けて【　】内にURL又は「パンくずリスト」をあげました。URLは短縮版の場合もあります。

■本文中の主な略語、よく利用したウェブサイトなどは次の通り。

・NDL：国立国会図書館。National Diet Libraryの略語。
・NDLオンライン（NDL Online）：国立国会図書館の蔵書と、国立国会図書館で利用可能なデジタルコンテンツを検索できるサービス（2024年1月に下記「NDLサーチ」と統合、リニューアルして新しい「NDLサーチ」となる予定）。
・NDLサーチ（NDL Search）：国立国会図書館と他機関の資料・デジタルコンテンツを統合的に検索できるサービス。
・NDLデジタルコレクション（NDL Digital Collections）：国立国会図書館で収集・保存しているデジタル資料を検索できるサービス。NDLオンラインではできない全文検索も可能。
・NDL典拠（Web NDL Authorities）：国立国会図書館が作成している典拠データを検索できるサービス。
・NII：国立情報学研究所
・CiNii：国立情報学研究所が提供するデータベース群
・Wikipedia70ブログ：「70歳のウィキペディアン」のブログ【https://wikipedia70.hatenablog.com/】

■写真キャプションの略語

・HD：版元ドットコム。このサイトに【利用可】として載っている書影は自由に利用できる。

・PD：パブリックドメイン。出典の多くはウィキメディア・コモンズ。

■ウィキペディアの「新しい記事」とは

ウィキペディアのメインページには、「選り抜き記事」に続いて「新しい記事」のコーナーがあります。ここでは毎日日替わりで、３日以内に投稿された記事の中からウィキペディアンの投票により選ばれた記事が、３つから５つほど掲載されます。ウィキペディアには毎日毎時間たくさんの記事が投稿されており、その中から「こんなことは初めて知った」「切り口が斬新である」など紹介するに相応しいと判断された記事に複数のウィキペディアンが投票し、投票数の多いものからメインページに掲載されます。更新は１日１回で、日付が過ぎると翌日分に入れ替わります。「新しい記事」に選ばれてメインページに載った日には、記事が更に多くのウィキペディアンの目にふれることになり、修正や加筆が行われて記事がよりよく変化していく可能性があります。

# 第1章
# ウィキペディアンへの道

# 百科事典との出会い

ウィキペディアは百科事典なので、最初は百科事典の話です。子どものころ大学生の兄の部屋に、平凡社の『世界大百科事典』がありました。背表紙がずらっと並んでいたのを覚えています。中学生のころ家を建て替えたとき、応接間の本棚にブリタニカの百科事典がずらっと並びました。父は学者ではなく会社勤めをしていましたが、家の中には本と雑誌が山のようにあり、新聞も何紙もとっていました。そういう家で育ったことが、司書になろうと思ったきっかけの一つです。もっとも百科事典を特によく使ったというわけではありません。

大学ではドイツ文学を学びましたが、仕事に就くあてはなく、卒業後に司書の勉強をしようと図書館学校に入りなおしました。先生方は皆アメリカに留学し図書館・情報学を学んでらしたので、カリキュラムも講義内容もすべてアメリカ流でした。

ブロックハウス百科事典 第14版（Johann H. Addicks -jha-、CC BY-SA 3.0、ウィキメディア・コモンズ経由で）

きっと留学したらこうなんだろうなと想像しますが、出される課題の量が半端でなく、人生でこんなに学んだ時は無いと思うくらい朝から晩まで勉強しました。

心に響いた講義のひとつに、長澤雅男先生の「参考調査法」がありました。レファレンスブックというものを系統だって学び、その中のひとつ「百科事典」が、「それが生れた時代の知識の総体を測る、バロメータである」と説明され、ひどく心をゆさぶられました。独文科で何度も触れたゲーテの『ファウスト』の主人公が、あらゆる知識を得て世界の根源を極めようとしていた、ということが頭の片隅をよぎりました。

そのうちに卒業論文のテーマを決める時期になり、アメリカ流の図書館学に少し反発していた私は、ドイツの『ブロックハウス百科事典』をテーマに選びました。この事典は19世紀始めに創刊され、何度も改訂を重ねて20世紀後半には第17版がでていました。そこで「図書館」という項目を選び、初版から最新版までその項目にどのようなことが書かれているのか、調べてみることにしたのです。ドイツ人の頭の中にある「図書館」像の変遷を追った、ということになるでしょうか。

第13版以降は都内のいくつかの大学図書館に所蔵されていたので、実際に見ることができました。第12版以前は大学図書館を通じて、出版したドイツのブロックハウス社に問い合わせ、該当ページのコピーを送ってもらいました。図書館というのは、実にいろいろなことをやってもらえる所なんだ、と知った初めての体験でした。

19世紀のドイツといえば、神聖ローマ帝国が崩壊し、ナポレオン敗北後のウィーン体制が続き、1871年ドイツ帝国が成立した時代です。20世紀に入って第一次、第二次世界大戦を経て、東西ドイツの冷戦構造が続いていました。こうした時期に版を重ねた百科事典には、激動し拡大する社会情勢が様々な形で反映されているのがよくわかりました。そして書き上げた論文では、百科事典を通して図書館を見ると同時に、図書館を通して百科事典を見る、という経験をすることができました。

こういう形で百科事典にはずいぶん親しみましたが、卒業後は事典を編纂するような仕事にはつかず、ましてや自分が百科事典を執筆するなど思いもかけない日々を過ごしました。

# 集合知を知る

「集合知」という概念を知ったのは、2005年から仕事をするようになった渋沢栄一記念財団でのことでした。そのころ財団では業務に関係する勉強会が頻繁に行なわれていて、確か2006年頃開催された、渋沢敬三に関する研究がテーマの勉強会の時でした。

渋沢敬三は渋沢栄一の孫で、祖父の後を継いで第一国立銀行の仕事に就きますが、元々学究肌で民俗学関係の多くの人材を育てた事でも知られています。その関心の範囲は広く多岐にわたり、漁業史や民俗学関連の膨大な標本を集めていました。２万点におよぶ民具コレクションは敬三の没後に曲折を経て大阪千里の国立民族学博物館に収蔵され、コレクションのひとつの核になりました。そうした敬三の多彩な足跡を研究していたアメリカの研究者が、勉強会で研究手法について話をしてくれました。その中に、「集合知」に関するものがあったのです。

その時は「集合知」あるいは「collective intelligence」というような言葉ではなかったと思うのですが、ひとつの研究対象について多くの研究者が各自わかることをだんだんに集合させ、当初は不完全であったものが次第によりよいものにまとまっていく、そういった印象の話でした。最初から完璧を目指すのでない、という姿勢を新鮮に感じたのを覚えています。

私が所属していた実業史研究情報センター（現在の情報資源センター）のミッションは、渋沢栄一や実業史に関する情報を、主にウェブサイトを通じて発信する、というものでした。それまで誰もやっていなかったことに挑戦することになり、毎日が手探りの連続でした。その最中の2007年に、大向一輝（おおむかいいっき）著『ウェブがわかる本』が岩波ジュニア新書として発行され、藁にもすがる思いで買って読みました。インターネットが広がり始めた時期で、若者向けに書かれた内容は、だいぶ硬くなっていた私の頭にも素直に入ってきました。

その中の第3章「ウェブを形づくるしくみ」には、「ブログ」「SNS」に続き「集合知」が取り上げられていました。集合知は「みんなの知識や知恵を集めること、またそうやって集めた知識のかたまり」で、「それぞれの人たちは好きなことを勝手にやっ

大向一輝『ウェブがわかる本』岩波書店刊（HD）

ているのに、全員分の結果を集めてみると、協力したように見えてしまう」という点にも触れられていました。その事例として挙げられていたのが、「ウィキペディア」でした。

そこに書かれていることを要約すると、「選ばれた専門家が書く普通の百科事典と違い、ウィキペディアはウェブに参加している人なら誰でも執筆できる。2001 年にスタートし、項目の数は毎年 2 倍のペースで増え、2007 年 4 月時点で英語版に 170 万以上の項目がある。日本語を含め 251 の言語で計 690 万項目が載っている。自分が表現した知識が、誰かの役に立つと実感できるからこそ、多くの人が参加している」となります。その頃ウィキペディアについては、インターネット上で目にする機会もありましたが、誰がやっているのかよくわからず、半信半疑な眼で眺めていたものです。しかしこの本を読んで、いつか自分もウィキペディアに参加して記事を書いてみたい、と思うようになりました。

『ウェブがわかる本』を執筆した大向一輝さんは、当時国立情報学研究所の若き研究者でした。2012 年になってある機会に直接お目にかかることができ、ひたすら感激してツーショットをフェイスブックにアップしたものです。大向さんは 2019 年に東京大学へ移られ、コロナ禍を経て大学教育と研究を支える重要なお仕事を積み重ねておられます。こういう方と同時代を生きられるのはつくづく幸せだと思っています。しばらく前にこの本のことを大向さんに話したら、「もう事例がすっかり古くなってしまって、ほんとは書き直さなければいけないんですけど」とおっしゃっていました。しかし事例は確かに古くなっていても、「ウェブとはなにか」「ウェブとつきあう心構え」のような点は少しも古びていません。若者はもちろん高齢者にとってもまだまだ役に立つガイドブックだと思います。

さて本を読み終わった後には、その年に仕事で「ブログ」を書き始め、プライベートでも2010年から「ブログ」と「SNS」(当初はTwitter、その後Facebook、その他InstagramとLINEは少し）を順次やり始めましたが、「集合知」もしくは「ウィキペディア」を始めるのはまだしばらく先の事でした。

＊　＊　＊

書影について。本の書影をウェブサイトに載せる場合、著作権保護の観点から私はこれまで半分以下の画像のみ載せていました。しかしある時、「版元ドットコム」のサイトで確認すれば載せられる本があることを知り、それからいつもそこで確認して、OKであれば全体を載せるようになりました。大向さんの本もOKでした。クレジットは不要とのことですが、一応書いておきます。

なお、版元ドットコムの掲載書誌情報は、株式会社カーリルと版元ドットコムの共同プロジェクト「OpenBD」によるものだと最近知りました。書籍に関するデータがどんどんオープンに利用できるようになっているのはありがたいことです。

# ウィキペディアことはじめ

渋沢栄一記念財団の仕事でインターネットでの情報発信にかなり親しんできた2016年の年頭、そろそろウィキペディアを始めてみようかという気になってきました。といって身近に詳しい人がいたわけでもなく、参考になる本も見当たらず、頭をめぐらした挙げ句、そうだ、ウィキペディアのことはウィキペディアに書いてあるのでは、と思い当たりました。

早速ウィキペディアの画面を開き、上にある検索窓に「ウィキペディア」と入れてみると、案の定記事が出てきました。目次には、概要、主な特徴、歴史、問題点、先行事例、姉妹プロジェクト、などという項目が挙がっていて、知りたいと思った以上にたくさんの情報が書かれていました。まずはその記事を一通り読み、おおよそのことを頭にいれました。問題点として想定される「記事の信頼性」や「名誉棄損」なども取り上げられていて、なるほどと思いながら読みました（因みにこの文章を書いている2022年の時点では、最初に読んだ時から内容がいろいろ改訂されています。過去の記事がどうだったかは全てさかのぼることができるので、実際に2016年時点にさかのぼって内容を確認しました）。

さてその記事の冒頭に、「本項目は、百科事典の記事としてウィキペディアを説明したものです。ウィキペディアからの簡単な自己紹介は「Wikipedia: ウィキペディアについて」をご覧ください。新規参加者への総合案内は「Wikipedia: ウィキペディアへようこそ」をご覧ください。」と書かれていました。つまり私が読んだのは百科事典の一項目だったわけで、次に自己紹介記事としてあげられている「Wikipedia: ウィキペディアについて」を読んでみました。こちらの項目は、ウィキペディアとウィキペディア・プロジェクトについて、免責事項（要旨）、追加情報、事典記事の紹介、の４つだけの簡潔なものでした。「よくある批判への回答」へのリンクがあったので飛んでみると、なるほどウィキペディアは成長する百科事典なのだ、とよくわかってきました。

その次に新規参加者への案内「Wikipedia: ウィキペディアへようこそ」に飛んでみました。するとそこには「新しくウィキペディアへ参加される皆さんのための総合案内です」と書か

ウィキペディアのロゴ（ウィキメディア財団、CC BY-SA 3.0、ウィキメディア・コモンズ経由で）

れており、具体的なやり方がわかりやすく書かれています。これこそ私が探していたものだったので、このページを端から熟読していきました。

ウィキペディアに参加するには、「利用者名とパスワードを決めた方がいい」とありました。決めなくても参加はできるのですが、編集制限があると書いてあるので、せっかくだから利用者名とパスワードを決めてログインすることにしました。利用者名の決め方にも細かい解説があったのでそれもよく読み、よく考えて名前を決めました。もっとも今から思うと、もうすこし短くしておいたほうが便利だったか、などと感じています。

ウィキペディアが信頼されるフリーの百科事典であるための「五本の柱」があることも書かれていました。それは「ウィキペディアは百科事典です」「ウィキペディアは中立的な観点に基づきます」「ウィキペディアの利用はフリーで、誰でも編集が可能です」「ウィキペディアには行動規範があります」、そしてそれ以外に「ウィキペディアには、確固としたルールはありません」というものでした。それぞれに詳しい説明があったので、それもよく読みました。ここまで読むと、実際に書くまでまだまだたくさんのことを知らないといけないのかなあ、という気になってきましたが、ほんとにそうなのか相談する人もいないので、不器用な私が先に進むには仕方ありませんでした。実際にはそんなに読まずに記事を書く人がたくさんいるらしいことは、ずいぶん後になってわかってきました。

だいたい高い山に登るのに、山頂まで一気に進むロープウェイコースもあれば、健脚向けの登山コース、初心者向けの山道コースなどいろいろあるものです。私がとったのは景色を眺めながらゆっくり登る山道コースだったわけで、一人でもよし、グループで登ってもよし、ウィキペディアに決まりはありません。さらにウィキペディアンの中には最初から山には登らずに、途中の雑草をひたすら除去してくださってる方たちもたくさんいらっしゃるのでした。

さて、いろいろルールを読み進めましたが、いざ記事を書いてみようとするとやはり迷うことばかりです。練習は「サンドボックス」でやりましょう、とありますが、「サンドボックス」って何、という具合です。それでも、失敗しても他の人が書いた記事を壊すわけではない、と割り切り、たとえ壊しても履歴は全て残り、修復できると知りましたが、書き始めるにはまだすこし時間がかかりました。登山は一人でもできますが、やはりガイドがついてくださったほうが登りやすいのでした。

# OpenGLAM JAPAN シンポジウム参加

ウィキペディアの編集方法について、一人でわかることは一通りやってみましたが、やはりどこかで誰かに教えてほしいと思いました。そこでウィキペディア関連のイベントを探したところ、2016年3月に「第7回 OpenGLAM JAPAN シンポジウム：博物館をひらく - 東京工業大学博物館編」があることがわかりました。OpenGLAM とは、「文化施設（Gallery, Library, Archive, Museum）のオープンデータ化を IT の活用により促進する活動。収蔵品データ等の幅広い活用を図る」とフェイスブックページで紹介があります。「オープンデータ」という概念にも引かれ、早速申し込みました。

東京工業大学博物館・百年記念館 2016年3月21日（Fumihiro Kato、CC BY 4.0、ウィキメディア・コモンズ経由で）

3月21日春分の日、会場の東京工業大学博物館・百年記念館（写真は当日撮影されウィキメディア・コモンズにアップされたもの）で開かれたイベントは、要するに東工大博物館の収蔵品情報をウィキペディアに載せよう、というものです。当日の概要はフェイスブックページにまとめられており、Twitterのまとめもあるので振り返ることができます。自分のつぶやきもしっかり載っていて面はゆいですが、当日の空気感も伝わってきます。なお参加者には、大向一輝さんほか何人か知り合いがいましたが、ほとんどは初対面の方たちばかりでした。

10時開始のプログラムは、午前中に2本の話題提供講演、午後に説明のあと見学とウィキペディア編集、という構成でした。東工大博物館は撮影自由で、会場にはコンセントが壁と床の随所にあり、持参したPCを広げてtweetしながら講演を聴きました。

■話題1：福島幸宏氏（京都府立図書館）「歴史資料を拓く―制度と慣例のあいだ」

「資料を独占するものに禍あれ、資料を公開するものに幸あれ」がテーマのお話は、歴史資料を拓くGLAMのあり方を評価するものでした。福島さんは2008年の国文学研究資料館主催アーカイブズ・カレッジで共に学んだ仲です。当時は『東寺(とうじ)百合文書(ひゃくごうもんじょ)』のデジタル化に取り組んでらっしゃいましたが、その後東京大学を経て2021年から慶應義塾大学で准教授として活躍しておられます。

■話題２：南山泰之氏（情報・システム研究機構国立極地研究所情報図書室）「研究・観測データを拓く―国立極地研究所の取組み」

南極や北極についての研究成果など触れたこともありませんでしたが、研究・観測データとは何か、収集資料のメタデータや数値データを収集し公開する実際、データの取得方法、海外事例、懸念事項など、幅広い側面から話題提供がありました。若き研究者南山さんは、2019年から国立情報学研究所オープンサイエンス基盤研究センターのご所属です。

ランチ休憩をはさんで、午後の部にはいりました。

■説明１：日下九八（くさかきゅうはち）氏（東京ウィキメディアン会）「文化資源をひらくツール―Wikimedia Commons」

ウィキペディアのことを調べているとよく登場する「日下九八」というユーザー名の、ご本人にお目にかかるのは初めて。ウィキメディア・コモンズとは何か、に始まり、情報を拓く場としてのウィキペディアタウンへ繋がりました。富山での実施状況の写真や二子玉川でのワークショップ当日の様子などを説明されました。

■説明２：阿児雄之（あこたかゆき）氏（東京工業大学博物館）「東工大博物館をひらく―資料のオープンコンテンツ化」

シンポジウム主催者のお一人である阿児さんが、東工大博物館を拓く実践活動のあれこれをお話されました。記事を書いてWikipedeaに投稿したり、建物と展示室写真を蓄積したり、様々な切り口で執筆、撮影、翻刻、データ整理、館内マップ作成など、ちいさいことからコツコツとコンテンツを作っておられます。技術的に難しいのは人に任せるというのも参考になりました。なお阿児さんは、2018年から東京国立博物館におられます。

さて一通りお話が終わった後は、まず展示室ツアー。そしてグループに分かれていよいよウィキペディア編集開始です。参加者から挙げられたいくつかのテーマの中で、私はお雇い外国人「ゴットフリード・ワグネル」チームに入りました。最初は皆でぞろぞろと構内にある記念碑を撮影です。その後会場に戻り、各自PCを広げて編集作業を開始。グループにはSwaneeさんやら京都からいらした是住久美子さん（現・田原市図書館館長）やら都内某大規模図書館のMさんやらベテランぞろいでしたので、編集でわからないことは何でも聞いてみました。写真をアップするのも初めてでしたが、コツを教えていただきました。本文執筆の要領、脚注の上手なつけ方など、独学だけでは見えなかった部分がよくわかりました。

17時をまわったころに、チームごとの成果発表。大向さんも「ETA10/ETAシステムズ」について発表されましたが、これは私には何が何だか。それでもイベントは無事終了し、参加のみなさんと一緒に懇親会会場へ向かいました。なにしろ初めての参加だったので、隣に座った元NDL（国立国会図書館）の中山正樹さんや東工大図書館（当時）の加藤晃一さんをはじめ、いろいろな方に根掘り葉掘りウィキペディアのことを話していただいたような気がします。だいぶ後になって知り合った方々の中に、このイベントの参加者が何人もいらしたのは驚きでした。

　さてたっぷり勉強したものの、実際に記事を書くまでには、その後半年ほどかかりました。やはり新しい情報発信のツールを使いこなすには、まだまだ心の準備が必要でした。最初の一歩はハードルが高いものです。

＊参考

・第 7 回 OpenGLAM JAPAN シンポジウム「博物館をひらく - 東京工業大学博物館編」を開催しました！【FB > OpenGLAM JAPAN】

・「博物館をひらく - 東京工業大学博物館編」開催報告【東京工業大学博物館＞展示会・イベント案内＞過去のイベント・講演会＞博物館をひらく＿開催報告】

# 最初は野上弥生子の小説『迷路』

野上弥生子（のがみやえこ）（1885 - 1985）の名前は雑誌や新聞に彼女が書いた随筆でしか知らず、小説を読んだことはありませんでした。その野上が70歳過ぎに初めて中国を訪れ、毛沢東の活動拠点であった延安へ行った話を新聞で読み、興味を持ちました。私の父は戦争で北支（中国北部）へ行きましたが、戦場の話は一度も聞いたことが無かったので、何か手掛かりがあるのでは、と思ったものです。そんな折に銀座の教文館書店で、岩橋邦枝『評伝野上彌生子：迷路を抜けて森へ』（新潮社、2011）をみつけたので、思わず買ってしまいました。ページを繰ったらあまりに面白く、一気に読んだことをブログに書いておいたので、

野上弥生子、1952年（PD）

抜粋します。

「大分県臼杵から上京し、明治女学校へ入ったこと、夫となった野上豊一郎は法政大学の総長を務め、能楽研究者であったこと、延安へ行ったのはそれが『迷路』の舞台であったからなこと、哲学者田辺元との交友と往復書簡、野上自身の62年分の日記、3人の息子たち、渋沢栄一一族との縁戚関係、そして『森』の舞台が明治女学校であったこと（渋沢栄一は明治女学校を援助していた）など、全て初めて知ることばかりで興味が尽きなかった。野上は亡くなる99歳の最後まで書き続けていた。私もあと40年近く本を読み続けていたいと思う。」

（元記事：【Kadoさんのブログ＞2014.4.2】）

それ以来「大分県臼杵」という地名は、野上と結びついて頭の片隅にありました。2年後の2016年、9月に図書館総合展フォーラムがその大分で開催されるのを知って申し込み、せっかくなので大分に所縁のある小説を読もうと手に取ったのが、野上の『迷路』でした。それは昭和戦前期の東京と軽井沢、故郷の大分、そして中国の戦場が舞台の小説で、岩波文庫上下2冊の1,300ページ近い大作です。読んでいる最中に九州へ行く日になり、羽田から大分空港へ飛び、佐賀関にいる友人夫婦と大分市内で旧交を温めました。その晩は臼杵市内に泊まって本を読み続け、翌日は野上の生家（小手川酒造）を改装した記念館に出向いてじっくり見学しました。また小説にも出てくる、臼杵市立図書館付属の荘田平五郎記念こども図書館も見た後に、大分市でのフォーラムに参加しました。本を読み終わったのは帰京してからでした。スケールの大きな物語の構想と展開、時代背景の綿密な取材、人物の詳細で的確な描写など、夏目漱石門下の筆の力とはこういうものかと感じ入りました。

野上ほどの作家ならウィキペディアに記事があると思いましたが、見てみると詳しい記事はあるものの、個々の作品についてはタイトルしか載っていませんでした。そこで代表作のひとつであるこの『迷路』をウィキペディアに載せてみよう、と思い立った次第です。別の作家の有名な作品のページを下敷きに、「あらすじ」「主な登場人物」「発表・出版年譜」などをまとめていきました。手元の資料だけではわからないことは近くの図書館に出向き、あれこれ調べました。調べていくと小説を読んでいるときは気が付かなかった様々なことが見えてきて、その過程も楽しいものでした。

原稿ができあがると、いよいよウィキペディアに掲載することになります。記事タイトルは最初「迷路」としたのですが、「迷路」という記事は既にあり、迷路そのものを説明したもののほかに、そういうタイトルの楽曲も複数あるのでした。そこで記事タイトルは「迷路（野上弥生子の小説）」とすることにしました。記事内容は追々整えていけばいいと思い、まずは定義文と「あらすじ」「主な登場人物」に絞って載せてみました。2016年10月11日のことです。するとなんと1時間ほどの間に、内容ではなく書式関係でいろいろ不備のあったところに、何人ものウィキペディアンから修正が入ったのです。初心者の初投稿って、こんなにたくさんの方がチェックしていらっしゃるのかとびっくりしました。その後、私も記事内容を充実させ、他のウィキペディアンの方々も手を入れてくださり、現在に至っています。編集履歴は全て残り公開されているので、だれがいつどのように修正したか確認することができます。

こうしてなんとか無事にデビューを果たしたのですが、その次の記事にとりかかったのは２年もたってからでした。小説は深く読み込めたし記事を書くのは楽しい経験でしたが、張り切りすぎたのか掲載までに使ったエネルギーは結構膨大で、疲れもしたのです。ちょっとした疑問を聞く気軽な相手もいなかったし、ハードルはまだまだ高いのでした。

# さまざまなウィキペディアンと出会う

ウィキペディア執筆は2016年以来ほとんど進んでいなかったのですが、2018年の図書館総合展でOpenGLAM JAPAN主催の「ウィキペディア・OpenStreetMap編集の実際」というイベントを見つけて申し込み、10月31日会場のパシフィコ横浜に出かけました。ウィキペディアの編集については既に或る程度知っていることでしたが、皆でオープンデータの地図を作るOpenStreetMapというのは初めてで、なかなか興味深かったです。これも集合知のひとつなのでしょう。説明の後の実習ではウィキペディアンのさかおりさんが、ウィキペディア編集のコツを教えてくださいました。初心者の質問に丁寧に応えてくださって嬉しかったです。

終わって会場を散策していると、ライブラリーコーディネーター高野一枝さんにばったり会いました。高野さんと知り合ったのは、ARG（現・arg）の岡本真さん企画のライブラリーキャンプでした。その高野さんから、2019年の2月に沖縄県恩納村(おんなそん)へのツアーでウィキペディアタウンをやるという話を聞き、ぜひ行ってみたいと参加を申し込みました。ツアー直前に発行された『LRG』25号がウィキペディアタウン特集でしたので、もちろん購入して読んで行きました。

さていよいよ2月3日に沖縄に入り、翌4日に会場の恩納村文化情報センターへ向かいました。２階にある書架の間から沖縄の海が眺められる、素晴らしい立地の会場を、センターの呉屋美奈子さんに御案内いただきました。ウィキペディアタウンはまず村内のさまざまなスポットを、文化情報センターの方に案内していただきました。私は「山田城（やまだグスク）」が担当でしたので、特にそこは興味深くお話をうかがい、写真を撮りました。沖縄では城に当たるものを「グスク」と呼んでいます。山田城自体は現在無いのですが、城跡が国の史跡になっています。その城を巡る何百年も前の歴史が、センター職員の方から生き生きと語られることに驚きました。

昼食後にセンターに戻り、ウィキペディア編集の開始です。「山田城」グループはセンターのお二人、ツアーからは私ともう一人の４人組。記事自体は既にウィキペディアにあるのですがとても簡単だったので、皆で情報を追加していくのです。本文担当と写真・参考文献担当に分かれ、できたところから既存ページに追加していきました。東京からの参加者は現地の情報には疎いですが、参考文献の使い方は皆経験豊富でしたので、掲載事項にきちんとした典拠を次々追加することができました。途中で編集方法がよくわからないところは、東京からZoomで参加していたベテランウィキペディアンの海獺（らっこ）さんにいちいち質問し、皆でなるほどと納得しながら作業をすすめました。なんとか時間内に一応の編集を終え、グループごとの成果発表を行なってお互いに出来上がった記事を確認し、海獺さんに講評いただき、無事ウィキペディアタウンを終了することができました。写真はこの時記事を充実させた「万座毛（まんざもう）」です。

恩納村の名勝「万座毛」（筆者撮影、2019年2月5日）

ウィキペディアタウンは優れた取り組みだということがよくわかりましたが、その一方で、私自身の関心は地理や観光情報ではなく、音楽や文学なので、違うアプローチが必要なのかとぼんやり考え始めていました。そんな時に海獺さんから「Art+Feminism Wikipedia Edit-a-thon 2019」というイベントに誘われ、参加しました。これは女性やアーティストの情報をウィキペディアに載せる催しで、講師はさえぼーこと北村紗衣さんと海獺さん。隣の席のMie Louisさんとは、以来あれこれ情報交換したりして親しくなりました。15名ほどの参加者にはベテランののりまきさんや、某大手書店のEさんもいらっしゃいました。Eさんには渋沢財団の仕事や図書館総合展でもお目にかかっていましたが、Wikipediaもやっていることにお互い驚いたものです。この時私は前から書きたかったある日本人について、いろいろ教わりながらアウトラインを自分のサンドボックスに入れてみました。一方、Eさんはじめ何人もの方が翻訳記事に取り組んでらっしゃったので、外国語記事の翻訳というのに興味を持ちました。

このイベントの後、海獺さんに教えてもらったウィキペディアの姉妹プロジェクトである「ウィキデータ」の勉強会にも2回参加し、概要を頭に入れました。また主宰の東修作（ひがししゅうさく）さんや参加者のAraisyoheiさんと知り合うこともできました。最近になって大向一輝さんがウィキデータについて「すべてがQになる」という文章で触れておられるのを読み、ウィキデータの存在理由がよくわかってきた気がします。このウィキデータは翻訳記事を作るときなどに実に役立つのです。私は説明できるほど詳しくはないのですが、ウィキデータを知って世界が一段と広がったのは事実です。今ではなにかウィキペディアの記事を探して開くと、それに該当するウィキデータを開き、「説明」欄が空欄ならウィキペディアの定義文からコピーして補う、というのが習慣になりました。こうすると「ああ、今日もウェブの世界に一つ貢献できた！」と幸せな気持ちになるのです。

＊参考

・『LRG：ライブラリー・リソース・ガイド．25号　ウィキペディアタウンでつながる、まちと図書館』アカデミック・リソース・ガイド、2019年1月
・大向一輝「すべてがQになる：ウェブにおける「表現」と「対象」」『LRG：ライブラリー・リソース・ガイド．27号 特集：情報学は哲学の最前線』アカデミック・リソース・ガイド、2019年6月、p102-105

# スウェーデン大使館でWikiGap

いろいろなイベントに参加し何人ものウィキペディアンと出会った2019年ですが、さらに9月にはWikiGapエディタソンがありました。WikiGapとは、「Wikipedia上の人物に関する記事のうち、女性の伝記は2割程度だという状況を解消して女性の伝記記事を増やしたい」、また「Wikipedia編集者のうちの女性の割合は1割程度だという現状を改めたい」、という活動です。エディタソンというのは編集を意味するエディットと、マラソンをつなげた造語です。このイベントについてブログにまとめておいたので、抜粋加筆して紹介します。

＊　＊　＊

9月29日に港区六本木にあるスウェーデン大使館で開催された、WikiGapエディタソンに参加しました。当日は10時に講堂で開会セレモニー、まずペールエリック・ヘーグベリ駐日スウェーデン大使のご挨拶。スウェーデンでは40年くらい前から男女格差の是正に関する政策を進めてきたこと、このWikiGapの活動は世界60か国で既にイベントを開催しており、日本では今回が最初で、10月14日には大阪でも開催の予定とのことでした。続いて国連事務次長の中満泉さんからのヴィデオメッセージが披露されました。国際機関の最前線で仕事をされている中満さんからの、女性の社会参加と活躍を応援される、ご自身の経験を踏まえた熱いメッセージに感激しました。次はウィキペディアン海獺（らっこ）さんによる編集のアドバイス、さえぼーさんによるWikiGapの解説と続き、事例として特別ゲストであるITエヴァンジェリスト若宮正子さんの記事を、その場でWikipediaにupするデモに皆で拍手！ 若宮さんの凛としたお姿を近くで拝見できたのも何よりでした。

イベント会場に移り、11時すぎから作業机にセットした各自のPCで、早速Wikipediaの編集開始。新規記事を立ち上げる人、既存の記事を編集して充実させる人、外国語版からの翻訳に挑戦する人などなど、40人ほどの参加者は各人思い思いのテーマに取り組みました。サポートする10人ほどのベテランウィキペディアンの皆さんは、誰かの手があがるとさっとその場に駆け寄って質問に答えてらっしゃいました。私は事前に

駐日スウェーデン大使館 2019年9月29日（さかきばらたいら、CC BY-SA 4.0、ウィキメディア・コモンズ経由で）

準備して下書きサンドボックスに書いておいたダンサー「宮操子」の原稿を、持ってきた資料によって追加したり修正したりしました。これまで20程の記事をWikipediaにあげてきましたが、やはり出典となる資料を事前にきちんと準備すればするほど充実した記事が書けるのを体験したので、今回もできるかぎり資料を集めました。Webで見られるものはURLを下書きに書いておけばいいのですが、そうでないものもあります。現物が入手できればいいですが、NDLデジタルコレクションにしか見つけられなかった資料は、前日に閲覧してここぞと思うページをコピーしてきました（これも今ならURLを貼り付けますが、当時は今ほど使い勝手がよくなかったのです）。本文が一応書けて出典を整えたところでウィキペディアンの先輩に確認してもらい、改善点のアドバイスをいただいて改訂。何度か繰り返して15時半ころになんとか公開できました。この「宮操子」は後日Wikipediaの「新しい記事」に選ばれて嬉しかったです。

執筆の途中で雑誌社の方のインタビューを受けました。参加の動機、どんな記事を書いているか、など尋ねられたので、思うところをいろいろしゃべりました。翌日にはきちんと要点をまとめて記事にしてくださったのはなによりでした。

■「男性が支配するウィキペディアを改善しよう！　ウィキギャップが東京で初開催 BY ELLE JAPAN 2019/09/30 」

ここに載った私の発言は次の部分。「すでにアカウントを持っていて、20記事くらいを書いていたけれど、改めてイベントに参加していろいろ発見したかったんです。……正しい情報を手渡したいということは司書の職業倫理に通じるものがあります。見ていただきたいのは出典。ウィキは出典と利用者を結びつけるための文章だと思っています」(門倉百合子さん・司書)

イベント参加者には太田尚志さんや伊達深雪さんなど遠方からの方々もいらして、皆さんとはランチタイムや夕方のバーベキューの席でたくさんおしゃべりしました。それぞれの参加動機を伺うとなるほどと得るものが多く、最後まで実に充実した一日でした。スウェーデン大使館のサポートも何から何まですばらしく、スウェーデンという国の向かう方向を垣間見た気がします。また世界は途切れなく繋がっているのを実感しました。写真は参加記念にいただいたTシャツとマグカップです。イベントに関わられた皆様全員に深く感謝申し上げます。

(元記事:【Kado さんのブログ> 2019-10-02】)

WIKIGAPのTシャツとマグカップ(筆者撮影、2022年12月5日)

＊　＊　＊

ブログを読み直して改めて気が付きましたが、私のインタビュー記事で「ウィキは出典と利用者を～」となっていました。私は「ウィキペディアは出典と利用者を～」と話したつもりでしたが、記者の方が短縮されたようです。この記事の文脈では短縮しても問題なかったかもしれません。しかしウィキペディアの姉妹プロジェクトには「ウィキデータ」や「ウィキニュース」などいろいろあり、運営しているのは「ウィキメディア財団」です。なので私はいつも省略せずに「ウィキペディア」と言うことにしています。

# ウィキペディア 20 年イベント

ウィキペディアの執筆は 2016 年が 1 件、2018 年が 4 件、2019 年が 19 件、2020 年が 33 件と、右肩上がりで伸びてきました。2020 年はコロナ禍で在宅勤務になった影響も大きいです。そして 2021 年正月に参加した「ウィキペディア 20 年イベント」についてブログに書いておきましたので、それに加筆して掲載します。自分の感想を改めて読むとずいぶん楽観的な見方だなと思いますが、そういう目で到達点を見据えるのも大事かと。

＊　＊　＊

1 月 23 日土曜日は朝から「ウィキペディア 20 年イベント」に Zoom で参加しました。この企画は、インターネット

Wikipedia 20 マーク（BFlores (WMF)、CC BY-SA 4.0、ウィキメディア・コモンズ経由で）

フリー百科事典「ウィキペディア」が2001年に設立されて20年を祝うイベントで、有志からなるWikipedia 20 JAPAN実行委員会による開催です。オンラインのZoomと同時にサテライト会場が、名古屋市、福井市、京都府京丹後市（きょうたんごし）、兵庫県伊丹市（いたみし）、そして山形県東根市（ひがしねし）に開設されました。

10時過ぎに始まったオープニングトーク「知識情報基盤としてのウィキペディア」は、オープンデータの活用に関する提言などを行なっている、一般社団法人オープン・データ・ジャパンの東修作さん。ウィキペディア20年の歩みをご自身の足跡と併せ、世界全体の傾向と日本の特徴など統計データも使ってわかりやすく話してくださいました。現在の社会の中でのウィキペディアの位置づけをさまざまな視点から考え、広大なインターネットの世界での自分の立ち位置、座標軸についておぼろげながら確認できた気がします。東さんにはウィキデータでお世話になっていますが、ウィキデータにとどまらず幅広い活動をなさっていることがよくわかりました。

次の「そもそもウィキペディア20年、何が起きたの」は、日本語版ウィキペディアの黎明期を担った3人の若者の話でした。ハンドルネームはsuisuiさん、kzhrさん、青子守歌さんと皆さんユニークです。2000年代初期には中学生の人もいて、最初の10年に何が起こったのか活き活きと伝わってきました。それにしてもアメリカで発祥してからわずかの時間で日本の若者もその中枢を担うようになっていったことに改めて驚き、またそれぞれのお話からその様相を思い浮かべることができました。なにより3人とも単なるITオタクと思いきや、それぞれのまっとうな取り組み方に感動しました。

３つ目のトピックは「大学の人がウィキペディアを編集してみたらどうなるの」。ここでは、武蔵大学の北村紗衣さん（さえぼーさん）、至誠館大学の伊藤陽寿さん、そして早稲田Wikipedian サークルの方たちが登壇されました。お話を伺って、ベテラン北村紗衣さんのおられる大学のような、ウィキペディアを積極的に応援する対応はまだまだ少ないことがよくわかりました。しかしながら私は、大学というアカデミアに所属する学生はもちろん、教職員の方たちにも、ぜひウィキペディア編集経験をつんでほしいとつくづく思います。特に知識の生成と伝達に様々な側面で関わる大学図書館員の皆さんには強く希望します。

午後はまず「ウィキペディアンが「棚から一掴み」してみたら 2021」。これはウィキペディアンが自分の本棚から本を選んで紹介する企画でした。登壇者はのりまきさん、Mayonaka no osanpo さん、逃亡者さんの３人。最初のお二人も興味深い本を紹介くださいましたが、ここでは逃亡者さん推奨の辺見じゅん著『収容所から来た遺書』が圧巻でした。戦争が終わってシベリアに抑留されその地で亡くなった方が、日本にいる家族にあてて書いた遺書にまつわる物語。1989 年に文藝春秋から出版された当時ずいぶん話題になったので気にはなったものの手に取らずにいましたが、文庫にもなっているし俳句のことも話題なので、是非読もうと思いました。著者辺見じゅんの父が角川源義と知ったのは最近のことで、俳人・歌人としての父娘の足跡にも興味がわいているところです。

続いて「この人が選ぶ、秀逸な記事」では、のりまきさんの司会でSwaneeさんの「下山千歳白菜」、アリオトさんの金星の記事、さかおりさんのトンネルの記事が紹介されました。どれも知らなかったことばかりで、秀逸さかげんも半端でなく、宇宙の彼方から地面の奥深くまで目の付け所もさまざまで印象に残りました。またそれぞれのウィキペディアンの方々の執筆姿勢、こだわるところも一様でないことが伝わってきて、なるほどそういうやりかたもあるのかと参考になりました。

最後は「ウィキペディアタウンサミット 2021」。各地での実践報告があり高久雅生さんの的確なコメントで状況がより詳しくわかりました。残念ながら時間切れで途中退出しましたが、ウィキペディアタウンの取り組みが全国に広がっているのは嬉しい限りです。この20周年記念イベントに参加して感じたのは、Wikipediaに対しては「悪しきもの」にしようという力より「良きもの」にしようとする力のほうが強いのだ、という印象でした。この印象を実態と結び付けてこれからも記事を書いていきたいと考えています。

（元記事：【Kadoさんのブログ＞2021-01-24】）

# 友達をウィキペディアに誘う

2016年にウィキペディアの執筆を始めてから、しばらくは自分一人でああでもないこうでもないとやっていましたが、そのうちに多くのウィキペディアンの方々と知り合い、記事の幅も広がってきました。最初はよく見えなかったウィキペディアの全体像もだんだんに理解することができ、やればやるほど奥が深く際限のない世界が目の前に広がっているのを感じるようになりました。もちろん明るい面ばかりではないですが、物事は暗い面も理解して初めて身につくものです。執筆が楽しくてたまらないと思えるのはなぜか、自分なりに考えてみると、そのひとつは「吸収」と「発散」のバランスがいいことにあると思うのです。つまり、ウィキペディアの記事をきちんと書くためにはそれなりに自分で調べることが必要で、それは「吸収」の過程です。それを公開するのは「発散」です。インプットとアウトプットと言い換えることもできます。吸収するのは若い時期に限られたことではないし、発散するのも同じで、いくら歳を重ねてもこれを繰り返すのは心身の健康に極めて良い事だなあと感じるようになりました。

こうしたウィキペディアの効用がわかってくると、ひとりでやるにはもったいないし、仲間がいれば切磋琢磨できると思い、何人かの知人友人に「ウィキペディアをやってみませんか」と声をかけてみました。典拠資料を調べるのは司書の得意とすることですし、長年の人生経験が活かせる作業だし、インターネットと適当なデバイスさえあれば作業の場所も時間も選ばないし、ウィキペディアにもこういうアプローチは素敵だなあと感じたのも、声掛けをした動機でした。ところが今のところ、全ての声掛けは失敗に終わり、やってみようと腰を上げてくださった方は皆無でした。

声掛けをするときに、私が書いた記事をいくつかピックアップして見てもらったこともありました。私は主に音楽に関係した記事をいくつか書いてきたのですが、そうしたテーマが興味を引かないのかな、と思ったこともあります。人間の興味は十人十色ですし、音楽と言っても「クラシック音楽」に興味を持つ人は少数派だし。音楽関係だけでなく、文学や図書館関係を扱ったこともありました。図書館はともかく文学だったら興味を持つ人は大勢いるだろうし、書いてみたいと思う人もいるは

「Wikipedia70 ブログ」のプロフィール画像
（筆者撮影、2022 年 9 月 21 日）

ず、と考えましたが、実を結びませんでした。失敗の原因をいろいろ考えてみましたが、結局それは記事の「テーマ」が問題なのではなく、ウィキペディアという一般にはまだまだ馴染みの薄い媒体で情報を発信することに抵抗があるのではないか、と思い当たりました。そして私にそうしたことの抵抗がないのは、50 代半ばから「ウェブサイトから情報を発信する」という仕事を毎日のように続けてきたからだ、と気がつきました。必要な情報を単に検索するだけでなく、10 年以上にわたり発信してきたという経験があるからこそ、「ウィキペディアで情報を発信する」ことに何の抵抗もなく入り込めたのではないでしょうか。

「ウェブサイトから情報を発信する」仕事をしたのは、2005 年から 12 年 8 か月勤めた公益財団法人渋沢栄一記念財団でのことでした。この財団は 1886 年に設立された龍門社という組織に始まる長い歴史をもつのですが、そこに 2003 年に新たに発足した実業史研究情報センター（現在の情報資源センター）に、縁あって司書として採用されたのです。「集合知を知る」の記事ですこしだけ触れましたが、ここで実際にどのような仕事をしたか、どのような情報をウェブサイトから発信してきたか、またそれがどのようにウィキペディアの執筆につながるのかについて、この機会にもう少し詳しく記憶と記録をまとめておこうと思います。

# 第２章
# 渋沢栄一記念財団でやった仕事

# 渋沢栄一記念財団に至るまで

公益財団法人渋沢栄一記念財団（以下、渋沢財団）で仕事をするようになったいきさつには、長い長い物語があります。駆け足でそれをたどってみます。

1977年に図書館学校を卒業して就職したのは、協和銀行でした。専門分野の資料を扱う専門図書館で仕事をしたいと考えていたところ、協和銀行調査部から司書一名の募集が学校宛てにあったのです。他に某大メーカー資料室からも求人があり、迷った私は恩師河島正光（かわしままさてる）先生に相談しました。「そのメーカーは良い会社で資料室も充実していますが、銀行というのはあらゆる業種にお金を貸すので、調査部ではあらゆる業種の情報を集めており、その資料室は面白いですよ」という先生の一言で、銀行に決めました。職場は大手町で、河島先生の講義で聞いていた大手町資料室連絡会のあるところで仕事ができるとは

大手門から大手町方面、2012年4月8日。正面左が旧協和銀行本店ビル。2015年に解体され、大手門タワー・ENEOSビルが建った。（caoyadong、CC BY-SA 3.0、ウィキメディア・コモンズ経由で）

りきっていました。仕事を進める中で上司を説得し、学生時代見学した経団連図書館で同僚と共に実習させていただいたのもなつかしい思い出です。その時には司書の村橋勝子さんにもいろいろお世話になりました。銀行では５年間専門図書館の実務をみっちりこなし、また日本経済新聞もよく読むようになりました。協和銀行のルーツが東京貯蓄銀行だということは勤めているうちに知りましたが、その設立に渋沢栄一が深く関わり、70歳で多くの会社の役員を引退した時もこの銀行の会長は続けた、という特別の関係であったと知ったのはずっと後、渋沢財団でのことでした。

専門図書館の団体である専門図書館協議会（以下、専図協（せんときょう））は当時国立国会図書館の中に中央の事務局があり、関東地区の事務局は丸の内の東京商工会議所図書館にありました。その関東地区事務局の担当者が退職するというので、そこへ転職したのは1982年のことでした。ここで３年間業界団体の仕事をし、会合の設営、研修など様々な事業の取り仕切り、刊行物の編集発行などを通じて、組織のマネジメントについて学ぶとともに、大勢の専門図書館関係者と知り合うことができました。その一人が、国際文化会館図書室の司書であった小出いずみさんでした。また東京商工会議所も設立に渋沢が関わったと後で知りました。

転職についてはいつも、河島先生の職業観が頭にありました。先生は神奈川県立図書館を始めとして、機械振興協会の図書館（今のBICライブラリ）、河島事務所、産業能率大学図書

専門図書館協議会退職時に功労表彰記念品としていただいた輪島塗の花器（筆者撮影、2023 年５月 29 日）

館、と職場を移られていました。それについて、「最初からひとつの図書館で仕事をするつもりはなかったのです。４年単位で職場を変えようと思っていました。最初の県立図書館には６年いましたが、４年単位の１期半でした。次の機振協は 10 年いたので､2 期半です。独立した事務所は丁度１期４年でした。現在の産能大にはいつまでいるでしょうか。図書館の種類も公共図書館、専門図書館、大学図書館と、いろいろめぐってきました。図書館員の技能はさまざまな場所をめぐることでみがかれていくものです」とおっしゃっていました。私も銀行に５年いたので、専図協の３年と併せて８年、丁度２期分になるなあと思い、結婚を機に 1985 年に退職しました。

次の４年間はさまざまな図書館の実務を経験しましたが、次男が生まれたのを機に 1989 年に子育て中の司書仲間と一緒に、在宅で図書館関係のデータを入力する会社を立ち上げました。会社の名前は、図書館の仕事をサポートするので Library & Information Science Assistance という英語の頭文字をとって LISA としましたが、当時はローマ字では会社登記ができなかったので、「有限会社リサ」という名称で登記しました。図書館界ではコンピューターの導入がどんどん進んでいた時期で、目録データの遡及入力の仕事がたくさんありました。また雑誌記事索引もいろいろ手がけ、その主題は人文科学、社会科学、科学技術と多岐にわたり、家にいながら社会の動きを知ることができました。昭和から平成に変わり、ベルリンの壁が崩

社内報『This is LISA』No. 6（筆者撮影、2023 年５月 27 日）。イラストはスタッフの伊藤理恵さん。社内報は 1992 年 10 月から 2005 年３月まで、途中３年間の休刊をはさんで No.64 まで発行した。伊藤さんのイラストは本書にたくさん転載してある。

れ、ワールド・ワイド・ウェブ（WWW）が考案された時期でした。

データのやりとりも最初はフロッピーディスクだったのが、パソコン通信を経てインターネットになっていきました。NACSIS-CATにデータを搭載する時は、専用回線をひいてやりとりしました。それは桐朋学園大学音楽学部附属図書館の楽譜データを登録する仕事で、何千点もの外国の楽譜を少しずつ会社のオフィスに送ってもらい、それを見ながら目録情報をルールに沿って入力するという、実に興味深く面白い仕事でした。オフィスは自宅の一室であったり近くに部屋を借りたりしました。いろいろな仕事を皆で少しずつシェアし、在宅でできる仕事、パートタイムで出勤する仕事など、フルタイムでなくても充実した仕事をこなすことができるように工夫を重ねました。うまくいったことばかりでなく失敗もありましたが、皆でカバーしあい、しかし責任は社長の私がとり、子育て情報もシェアしながら16年半ほど続けました。河島流だと4期ちょっとになります。昨今はコロナ対策で在宅勤務が広まっていますが、この会社ですでにメリットデメリットをたっぷり経験していたので、慌てることはなかったです。

さて遡及入力の仕事が一段落し、スタッフの子どもたちも手がかからなくなったこともあり、そろそろ会社をたたもうかと考えていた2004年の秋に、渋沢史料館の見学会というのに誘われました。2003年に小出いずみさんから渋沢財団に転職した、という葉書をいただいていたこともあり、興味があったので見学会に申し込んでみました。当日はまず渋沢栄一の生涯を簡潔にまとめたビデオを鑑賞したところ、名前しか知らなかった渋沢が幕末にパリ万博に出かけ、そこで得た知識経験を基に明治の日本を築いていったというダイナミックな足跡に、すっかり魅せられてしまいました。そして渋沢史料館の中を案内に従い進んでいくと、実業史研究情報センター長の小出さんが待ち構えていて「資料の整理がたまっているのだけど、門倉さんの会社でやってもらえませんか」とおっしゃるではありませんか。私は「会社はもうすぐたたむので、私個人でならうかがえます」とお答えしたところ、「あらそうなの、じゃそうしてもらおうかしら」ということで、2005 年から渋沢財団に通うことになりました。53 歳の時でした。

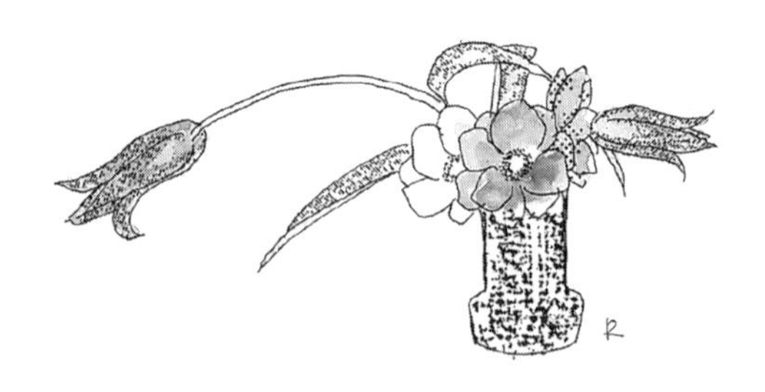

# 渋沢財団での仕事（1）社史と変遷図

2005年から2017年まで12年8か月、公益財団法人渋沢栄一記念財団実業史研究情報センター（2015年から情報資源センター）で、それまでの経験からは予想もできなかった「ウェブサイトから情報発信する」仕事をしました。どのような仕事であったか、数回に分けて書いておくことにします。まず最初は社史と変遷図の話です。

明治以降日本の企業が出版した社史は、これまでに1万点

社史の例：『京都織物株式会社五十年史』1937年（国立国会図書館デジタルコレクション https://dl.ndl.go.jp/pid/1245177 参照:2023-05-27）

以上になります。社史には自社のことだけでなく、人間社会や自然界の様々な情報が盛り込まれており、それを縦横に検索できるデータベースを構築する、というプロジェクトが渋沢財団で始まっていました。社史自体は銀行の資料室で何冊も見ていましたし、専図協関東地区事務局時代には『社史・経済団体史総合目録』追録の発行にも多少関わっていました。そうした経験もあり社史プロジェクトの担当として実務を担いましたが、全ての社史を扱うのは難しいので渋沢栄一が関わった会社の社史に絞り込むことになりました。社史を特定するには、まずそれを出した会社名を明らかにする必要があります。そのために、渋沢が関わった約500社の名称変遷を全て調べることになり、2008年から5年ほどかけて110枚ほどの変遷図にまとめ、私が手書きした図を専門家に加工してもらい、順次財団ウェブサイトに載せました。変遷図の中には以前勤めた協和銀行や東京商工会議所の変遷もいれることができました。また「あらゆる業種の情報が集まっている銀行」で仕事をした経験や、日本経済新聞を読み続けていることも、随所で役立ちました。

この変遷図には、図といっしょに変遷の典拠となる資料を掲載することにしました。例えば渋沢栄一が設立に関わった「韓国銀行」は1909年に「第一銀行」の在韓国支店から業務を引き継ぎましたが、その変遷の典拠資料には『第一銀行史』『朝鮮銀行史』という社史、『渋沢栄一伝記資料』、全国銀行協会の「銀行変遷史データベース」サイトの該当ページなどをあげています。全ての変遷について伝聞ではなく、誰でも確認できる

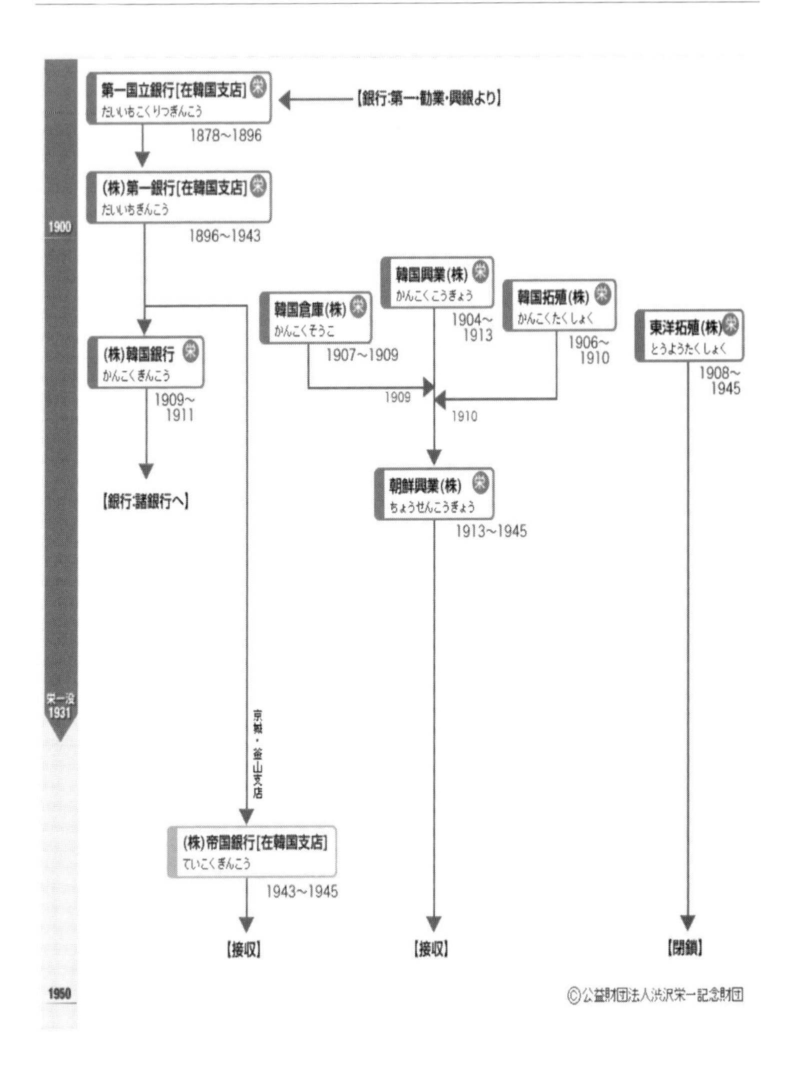


公益財団法人渋沢栄一記念財団情報資源センター『対外事業：朝鮮半島 A〔対外事業〕』（公益財団法人 渋沢栄一記念財団所蔵）
「渋沢栄一関連会社名・団体名変遷図」収録　(https://jpsearch.go.jp/item/sf003-NC0103)

公開された資料を典拠にすることを実践しました。この典拠資料をできれば複数あげる、という作業は、ウィキペディアの記述の典拠をあげるのと全く同じです。典拠のない情報は載せない、という姿勢はこの時に徹底して身につきました。

その後、社史データベースの方は2014年に「渋沢社史データベース」（略称SSD）として公開し、ここにはおよそ1,500冊の社史の目次、年表、索引、資料編データを掲載しました。変遷図の方は渋沢の関わった社会公共事業にも広げ、「渋沢栄一関連会社名・団体名変遷図」として2017年にリニューアルし、SSDと併せて後任者により現在も増殖中です。余談ですが、略称をSSDと決める時には恩師河島正光先生の流儀にならいました。先生は雑誌記事索引JOINT（Journal of Industrial Titles）とか、企業史料協議会のBAA（Business Archives Association）とか、わかりやすい頭字語を考えるのがお得意で、それにより情報を正確かつ簡潔に伝えることができると常々話しておられました。

社史データベース構築検討委員会の座長は、社史研究家の村橋勝子さんでした。村橋さんは経団連図書館に長く勤められ、日本経済の中枢で情報の生成、流通、利用、保存に関わる最前線の仕事を積み重ねられました。『経済団体連合会五十年史』（1999）の編纂にも担当部署の長として深く関わっておられ、編集後記にその過程をまとめられています。また社史だけでなく専門図書館協議会でも幅広く活躍され、その研修事業を通じて多くの専門図書館員を育ててこられました。私は学生時代からお世話になり、村橋さんが図書館関係の雑誌に書かれた図書館業務や社史に関する示唆に富む記事は必ず読んでいました。2002年には、村橋さんの書かれた『社史の研究』（ダイヤモンド社）の紹介文を『図書館雑誌』に書く機会をいただきました。その後に渋沢財団でご一緒できたのはこの上なく光栄であり、身近で多くを学ばせていただいたのは私の誇りです。

＊参考


・門倉百合子「社史の研究」（図書館員の本棚）『図書館雑誌』96巻8号 2002年8月 p568
・社史の楽しみ–実業史研究情報センターの社史索引プロジェクト / 門倉百合子（『青淵』No.680 2005年11月号掲載）【渋沢栄一記念財団＞情報資源センターだより 8】
・みじん切りからハンバーグへ ―「渋沢社史データベース」公開までの歩み / 門倉百合子（『青淵』No.785 2014年8月号）【渋沢栄一記念財団＞情報資源センターだより 43】
・「渋沢栄一関連会社社名変遷図」をめぐって / 門倉百合子（『青淵』No.740 2010年11月号）【渋沢栄一記念財団＞情報資源センターだより 28】
・社会公共事業団体名の変遷図をウェブサイトで公開 / 門倉百合子（『青淵』No.821 2017年8月号）【渋沢栄一記念財団＞情報資源センターだより 55】
・京都織物㈱『京都織物株式会社五十年史』(1937.11)【渋沢社史データベース】

# 渋沢財団での仕事（2）ブログの発信

渋沢財団実業史研究情報センターでは「渋沢栄一や実業史に関する情報をウェブサイトから発信する」というのが仕事のミッションでしたので、2007年からそのツールとして「ブログ」を使ってみることになりました。「ブログ」自体まだ普及し始めたばかりの時期で、まさに手探りの毎日でした。半年ほど準備を重ね、2008年2月13日の渋沢栄一誕生日に「実業史研究情報センター・ブログ」(現在の「情報資源センター・ブログ」)を公開し、以来平日は毎日更新するようになりました。渋沢栄一の活動範囲は広いので話題はいくらでもあるのですが、それをブログの形に編集するにはそれなりに手間がかかります。私は担当の社史について「社史紹介（速報版)」というカテゴリーを受け持ち、データベース構築中の社史を1冊ずつ紹介していきました。そのうちに「ブログ」自体がデータベースであることに気づくことになります。自分が書いた情報を調べるのに特別な検索手段を構築しなくても、インターネットで検索すれば該当の記事が出てくることがわかったからです。それ以来、ひろってほしいキーワードを記事に埋め込むのも習慣になりました。また社史の年表データを使って「今日の社史年表」というカテゴリーを作ったり、社史データベースの検索例として「おもしろ社史検索」というカテゴリーを作ったりもしてみました。変遷図の方も「変遷図紹介」というカテゴリーで内容や開発状況を紹介しました。なんでも新しい試みはまずブログで紹介する、という仕事の流儀が定着してきました。

そうした作業の最中の2011年3月11日に東日本大震災が発生し、この大災害に際して自分に何ができるか真剣に考えました。そして社史を担当していた私は書庫にあった社史の中から、1923年に起きた関東大震災についての記述をピックアップしてみようと考えたのです。きっとその中には地震災害に対峙した企業の対応とその後の動きが書かれているに違いない、と直感したからでした。実際、帝国ホテルや清水建設や資生堂や森永などの社史には多くの発見がありました。こうして見つかった社史記述をもとに、「社史に見る災害と復興」というカテゴリーでブログに連載記事を書きました。そこから発展して「社史に見る戦災と復興」のカテゴリーを作り、広島や長崎の社史関係書籍もいくつか紹介できました。また2016年には、3.11の被災状況を記載した日鉄住金建材の社史を紹介しました。

次に社史だけでなく、渋沢栄一に関する書籍についても「栄一関連文献」というブログカテゴリーに書き溜めていくようになりました。渋沢財団の書庫には渋沢栄一に関する書籍が山のようにあり、最初はどこから手を付けたものかと右往左往していました。しかし1冊ずつ手に取り概要をまとめてブログの原稿を作ることを積み重ねると、だんだんにその人物像や事績が具体的に浮かび上がるようになりました。或る程度まとまるとそれらを編集して財団ウェブサイトに掲載する、という手順も整ってきました。

ブログカテゴリー「栄一関連文献」で紹介した穂積歌子 著『はゝその落葉』1930（国立国会図書館デジタルコレクション https://dl.ndl.go.jp/pid/1192122 参照 :2023-05-27）

このように私は渋沢財団在職中ほとんど毎日ブログの記事を書いていたことになります。何件書いたかは数えられませんが、1,500 件から 2,000 件くらいにはなると思います。ブログの手軽さを身に着けたので、2010 年から仕事以外でもいくつかブログを始め、現在でも続けています。それは個人の日記というよりも、いつか誰かが使うかもしれない情報をほうりこんでおく、という使い方なので、極力情緒を廃した実務的な記事が多く、コメントは受け付けていません。「情報発信」に特化し、双方向コミュニケーションツールとして使うことは避けたわけです。こうしてブログの編集画面に毎日親しんでいたので、ウィキペディアの編集画面も全く抵抗ありませんでした。

このごろは個人でも団体でも、ブログやホームページを作るよりもTwitterやFacebookでの情報発信が盛んです。TwitterやFacebookはコミュニケーションツールとしては確かに優れた面が多いですが、新しい情報には便利でも過去の情報を検索しようとすると不便極まりないです。過去の事は忘れ去り、未来しか関心の無い社会には不安を感じます。「未来は過去の中にある」という箴言を忘れたくありません。私はTwitterもFacebookもやっていますが、ブログを手放すつもりはさらさらありません。ブログは栄枯盛衰が激しいようですが、私の書いた「はてなブログ」の記事は今でもすべてウェブ上に掲載されています。今回この一連の記事を書くためにも、何度も自分で書いたブログを検索して参考にしました。

このブログでの情報発信は、センターの茂原暢（しげはらとおる）さん（現・情報資源センター長）を中心に進められました。最初はなんだかよくわからないブログというものを、皆でああでもないこうでもないと議論しながら構築していきました。私や他のスタッフが記事を書くと皆でそれを検討して原稿を固め、それを茂原さんが上手に編集し、適切な画像を追加して発信しました。議論は時に白熱し、茂原さんと半日口をきかなかったことも何度かありました。しかしウェブの世界という大海を泳ぎ続ける強い意志を持った茂原さんからは、たくさんのヒントをいただいたのも事実です。茂原さんがつけたブログの副題は「情報の扉の、そのまた向こう」というもので、それには「ひとたび『情報』の扉を開けてみれば、その向こう側に、その『情報』にしか持ち得ない風景が遠くまで拡がっているはずです」という思いが込められています。その思いは今でも大切なエネルギーとなって私を支え続けてくれます。

＊参考

・情報資源センター・ブログ　情報の扉の、そのまた向こう（2008 年 2 月 13 日～）【https://tobira.hatenadiary.jp/】
・穂積歌子『はゝその落葉』【竜門社，1900】【穂積歌子 , 1930】｜【情報資源センターブログ＞ 2015 年 3 月 2 日】（「栄一関連文献」の中で特に印象深かったもの）
・刊行物から見た渋沢栄一記念財団の歩み / 門倉百合子（『青淵』No.797 2015 年 8 月号）【渋沢栄一記念財団＞情報資源センターだより 47】

# 渋沢財団での仕事（3）海外へ発信：小出いずみさんのこと

私を渋沢栄一記念財団に誘ってくださった小出いずみさんは、国際文化会館で図書室長、企画部長を歴任されたあと、2003年に渋沢財団のスタッフとなられました。そして同年11月に発足した実業史研究情報センター（以下、センター）が2015年４月に情報資源センターと改称されるまで、一貫してセンター長として事業の遂行に邁進されました。私は小出さんが国際文化会館時代になさってきた仕事について深くは知らなかったのですが、渋沢財団にきてからそれがいかにグローバルな発想に基づくもので、しかも深い哲学に貫かれているかを気

『実業史研究情報センター実績集』『渋沢栄一記念財団の挑戦』
（2023年２月７日筆者撮影）

づかされることになりました。

最初にびっくりしたのは、小出さんが毎年海外出張され、海外のライブラリアンや研究者たちと密接に連携し、意義深い仕事を積み重ねておられることでした。それは国際文化会館時代に種をまき育まれたお仕事の発展であると想像できましたが、小出さんはご自身でそうした交流をされるだけでなく、センターのスタッフ全員にその機会を与えて鍛えてくださったのです。具体的にはまず、EAJRS（European Association of Japanese Resource Specialists 日本資料専門家欧州協会）という組織の年次大会に、センターのスタッフが交代で参加したことでした。私も勤め始めた年に早速、翌2006年秋のEAJRSに行ってくるように指示されました。つまり担当している社史データベースについてそこで発表しなさい、ということだったのです。これは私にとっては青天の霹靂で、国内でも人前で話すことなどほとんどなかったのに、いきなり外国で、とびっくりしました。しかし小出さんは「日本資料の専門家の集まりだからみんな日本語がわかるので、日本語で発表すればいいのよ」と涼しい顔です。

いくら発表は日本語でいいと言われても、一人で海外出張するのに私の英語はおぼつかなかったので、終業後に英語学校にみっちり通って備えました。また国内旅行の手配もめったにしたことはなかったのに出張手配は全部自分ですることになり、こちらもかなり挑戦でした。小出さんは私より少し年長ですが、英語はもちろんパソコンやネットワークの接続、旅行の手配など全部ご自分でこなされていたので、よちよち歩きの私はついていくのが大変でした。しかし小出さんの背中を見るうちにだんだん鍛えられていきました。

2006年のEAJRS年次大会は、イタリアのヴェニスで開催されました。発表のメインはヨーロッパ各地の日本資料コレクションを扱う機関の研究者や司書の方たちです。英国、フランス、ドイツ、イタリアといった国々だけでなく、北欧や東欧からもいろいろな発表がありました。それぞれのコレクションがどうして築かれたかは様々な経緯があり、たとえばノルウェーは捕鯨関係が元になっているなど興味深いものばかりでした。私は社史DBについて日本語で発表し、無事に役目を終えることができました。EAJRSでは海外の発表者だけでなく、NDLやNII始め日本国内から第一線の研究者や実務担当者の方たちが参加されており、普段は接することのない最新の研究発表を聞くことができました。知り合ったお一人が国際日本文化研究センター図書館の江上敏哲（えがみとしのり）さんで、江上さんが2012年に書かれた『本棚の中の日本：海外の日本図書館と日本研究』（笠間書院）は何度もページを繰りましたし、今も大切に自宅の本棚に収まっています。

このEAJRSは1989年に発足したのですが、小出さんの前職である国際文化会館図書室がそうしたネットワークの日本側の窓口の一つであることは間違いなく、海外からの参加者の輪の中心にいつも小出さんがいらっしゃるのでした。また海外に住む方にとって遠い日本についての情報は、日本資料コレクションを持つ各国の機関が窓口になるのは自然の流れで、そうした機関に正確な日本情報を流すことの大切さを目の当たりにしました。それまで情報発信の相手は日本国内しか頭になかった私にとって、このEAJRSの経験は大きな大きなカルチャーショックでした。海外の方が日本に対してどういう印象を持つか、学問だけでなく日常のビジネスや文化交流の場面で日本とどのように取り組むかという時に、日本が発信する情報の質が極めて大事なことは言うまでもありません。それの窓口になっている世界各地の日本研究機関、日本資料コレクションの所蔵機関との密接なネットワークの大切さを、小出さんは身をもって示してくださったのでした。毎年の年次大会にセンターから必ず誰か派遣して発表することで、スタッフ全員が「情報発信の相手は全世界」だということを全身で身に着けるように小出さんは育ててくださいました。

秋のEAJRSに加え、春には米国のAAS（Association for Asian Studies アジア学会）にも小出さんは毎年参加され、アメリカやカナダの研究者や司書の方たちと幅広いネットワークを築いてらっしゃるのでした。そうした所で得られる最新の情報を取り入れながら、センターの事業は構築されていき、私たちスタッフの視野も、少しずつ海外に向けて開かれていきました。2011年3月11日の東日本大震災の後、社史を担当していた私は「社史に見る災害と復興」というカテゴリーでブログに連載記事を書きましたが、小出さんはこれをテーマに発表することを提案され、私はその年のEAJRSと翌2012年のAASで発表することになりました。AASは英語での発表が必須なので、この時は必死で英語のプレゼンテーションを練習し、秋のEAJRSでは英国ニューカッスルの会場で英語で発表しました。翌年のAASはカナダのトロントで開催され、ここでの経験も忘れがたいものでした。

小出さんはご自身で発表するだけでなく、2014年には渋沢栄一に関連するAASパネルのオーガナイザーを務められました。この年のAASは米国フィラデルフィアで開催され、小出さんはパネルの企画、登壇者の調整、当日の進行など、事前準備から全て英語で進められていました。こうした小出さんの仕事ぶりに私たちスタッフは日々接していたので、海外との円滑なコミュニケーションの大切さを知るとともに、それを維持し育んでいく姿勢の重要性を大いに学びました。今私がウィキペディアで外国語版の記事を翻訳することにたくさんの時間を割いているのも、小さなことではありますがその姿勢の一つの現れです。本当は日本語の記事を外国語版に翻訳したいのですが、私の語学力ではそこまでできないのが残念です。

■研究者としての小出さん

小出さんはセンターでの仕事のかたわら、東京大学大学院の学生として、在職中に修士課程を終え、博士課程に進んでおられました。修士論文では国立公文書館に設置されたアジア歴史資料センターの成立過程をテーマにされましたが、博士論文では国際文化会館初代図書室長でライブラリアンの「福田なをみ」をテーマにされていました。もっとも仕事中にそうしたお話を詳しくうかがったことはないのですが、ブログの文章を皆で検討する際などに、しばしば研究者としての姿勢を垣間見るということがありました。毎週のブログ編集会議はさながら小出学校の様相で、情報を的確に伝える文章の組み立て、言葉遣い、典拠の有無や質など、実に様々な観点から鍛え上げられました。こうした文章だけでなく、センターの事業の企画、実践、そして記録に至るまでの一つひとつを丁寧に構築され、スタッフ全員がそれぞれの力を十全に発揮できるように配慮してくださいました。特に『渋沢栄一伝記資料』のデジタル化については10年以上もかけて綿密な計画を練り、予算を獲得して人員を配置し、多くの困難を乗り越えながら2016年のデジタル版公開に到達しました。その中で繰り返し語られたのは、「渋沢栄一を歴史的な文脈の中において考えるための拠点になる」という理念でした。それを実現に導き、国内はもちろん広く海外に向けて情報を発信し続けることを小出さんは実践されたのです。そうした過程も含め、小出さんはご自身が推進したセンターの事業について、財団史にあたる『渋沢栄一記念財団の挑戦』(不二出版、2015年）の第2章に詳しくまとめられたところで定年を迎えられ、退職されました。そしてその記述を裏付ける資料集は、『実業史研究情報センター実績集』として残ったスタッフがまとめ、センターのウェブサイトで公開しました。今回この文章を書くにあたり、これら2冊の資料を何度も参照しました。

小出さんはその後も博士論文の執筆を続けられ、2020年に博士号（文学）を取得、論文は2022年に『日米交流史の中の福田なをみ：「外国研究」とライブラリアン』として勉誠出版から刊行されました。この本は2021年度東京大学而立賞、ま

小出いずみ『日米交流史の中の福田なをみ』（勉誠出版）

た2022年の第23回図書館サポートフォーラム賞を受賞されました。小出さんから多くを学んだ者の一人として、実に嬉しく誇らしく感じております。

＊参考
・EAJRS参加とヴェネチア国立文書館訪問 / 門倉百合子（『青淵』No.695 2007年2月号）【渋沢栄一記念財団＞情報資源センターだより13】
・北米で社史を語る / 門倉百合子（『青淵』No.761 2012年8月号）【渋沢栄一記念財団＞情報資源センターだより35】

# 渋沢財団での仕事（4）『渋沢栄一伝記資料』

渋沢財団で私が主に担当していたのはこれまで書いてきた仕事が中心でしたが、それ以外にも多くの業務に触れることになりました。その一つが、『渋沢栄一伝記資料』（以下、『伝記資料』）デジタル化プロジェクトでした。『伝記資料』は渋沢栄一の事績を時系列または主題ごとにまとめた本編58巻と、日記や写真などの資料を集積した別巻10巻の全68巻からなる膨大な資料集です。本編のうち索引巻を除く全57巻は、「デジタル版『渋沢栄一伝記資料』」として2016年11月に公開されました。公開に至るまでに私はいくつかの作業を補佐しました

渋沢栄一（出典：国立国会図書館「近代日本人の肖像」
https://www.ndl.go.jp/portrait/）

が、その経験をもとに『伝記資料』の記載事項のなかから２つを選んで記事を書きました。

■長岡の人々と渋沢栄一：『渋沢栄一伝記資料』の記述から / 門倉百合子（『青淵』No.803 2016年２月号）【渋沢栄一記念財団＞情報資源センターだより 49】

この記事は2015年11月に新潟県長岡市で財団主催のシンポジウムが開催されたのを期にまとめたものです。渋沢栄一と実業界で協力していた大橋新太郎など長岡出身の何人もの人物について、『伝記資料』から情報をピックアップしてみました。

■日本女子大学校と渋沢栄一：『渋沢栄一伝記資料』の記述から / 門倉百合子（『青淵』No.806 2016年５月号）【渋沢栄一記念財団＞情報資源センターだより 50】

この記事は2015年度下半期にNHKで放映された連続ドラマ「あさが来た」に渋沢栄一が登場したことから、主人公が設立した日本女子大学校についての記述を『伝記資料』からひろったものです。

『伝記資料』について振り返ってみると、それは「伝記」ではなく伝記を書くための「資料集」であることを改めて意識します。栄一の嫡孫である渋沢敬三は、渋沢栄一の伝記を身内が書くとどうしても我田引水的になるので、第三者が書くのがふさわしいと考え、そのための資料集としてこの伝記資料をまとめたのです。本文を見ると、編者が書いたのは出来事を簡潔にまとめた「綱文」であって、その後にそれを裏付ける「資料」がたくさん載っています。たとえば第１巻の一番最初の綱文と資料の最初の二つは次のようになっています（ルビは筆者）。

綱文：「天保（てんぽう）十一年庚子（かのえね）二月十三日（1840年）　武蔵国榛沢（はんざわ）郡安部領血洗島（ちあらいじま）村ニ生ル。幼名市三郎（いちさぶろう）又栄治郎（えいじろう）、幼少時代ノ名乗美雄（よしお）、後通称ヲ栄一郎（えいいちろう）名乗ヲ栄一（えいいち）ト改メ、青淵（せいえん）ト号ス。（以下略）」

資料：「渋沢栄一伝稿本　第一章・第一四―一五頁〔大正八―一二年〕
　先生の名、幼少の時は市三郎といひ、又栄治郎と改め、実名を美雄とつけたるは十二才前後の事なりしが、後又伯父渋沢誠室（せいしつ）の命名によりて栄一と改め、之を通称となせり。（後略）」

資料：「雨夜譚会（うやたんかい）談話筆記　下・第七五一―七五五頁〔昭和二年一月―昭和五年七月〕
通称を屡々（しばしば）改められしに就て
先生「どうも理由を尋ねられても、はつきりお答は出来ないヨ。市三郎と云ふ名などは未だ生れたばかりの時に貰つたんだから……。（後略）」

「綱文」の方は「渋沢栄一がいつどこで生まれた」という出来事を簡潔に述べたもので、それの根拠となる「資料」の方は、『渋沢栄一伝稿本』『雨夜譚会談話筆記』などそれぞれの文献の中から関連する部分が引用転載されているのです。先日これはウィキペディアと同じだ、と気が付きました。ウィキペディアも本文とそれを裏付ける典拠資料がセットであり、典拠は「本文で扱う主題と利害関係のない第三者が書いたものが望ましい」とされています。そして典拠資料は多くの場合、資料の書誌事項あるいは該当ウェブサイトへのリンクとなっています。『伝記資料』はインターネットの無い時代の刊行物ですので、資料そのものを抜粋して転載しているわけで、構造としては全く同じです。もっとも学者が編纂した『伝記資料』とは違ってウィキペディアの方は誰でもが書けるので、典拠資料が不十分な記事も多々ありますが、それは今後補っていくことが期待されます。

『伝記資料』デジタル化を主として担当していた山田仁美（やまだひとみ）さんは2006年に着任後、猛烈なエネルギーで仕事に邁進されました。早くも2008年1月発行の渋沢研究会誌『渋沢研究』第20号には「『渋沢栄一伝記資料』編纂に関する記録調査：『竜門雑誌』掲載記事を中心として」と題する研究ノートを発表され、伝記資料編纂の複雑な構造解明に挑戦されました。また2012年のEAJRSベルリン大会では、「『渋沢栄一伝記資料』：資料集としての生成とデジタル化」という発表をされました。2014年には全国各地を訪れた渋沢栄一の足跡をまとめた「ゆかりの地」コンテンツを公開されています。こうした実践や考察をさらに発展させ深化させた論考を、『記憶と記録の中の渋沢栄一』（法政大学出版局　2014年）の一節に「ブリコルールへの贈り物ができるまで：『渋沢栄一伝記資料』生成の背景」と題して寄稿されました。それは、全68巻に及ぶ大部で複雑な『伝記資料』のデジタル化に、文字通り日々格闘された記録でもあります。

山田さんとは、出張帰りにしばしば小旅行を共にしました。金沢の帰りには小松空港の手前にある白山市に立ち寄り、朝鮮通信使に俳句を献上したという俳人加賀の千代女の文学館（千代女の里俳句館）に行きました。また大阪出張の帰りには松阪に一泊して伊勢神宮に参拝し、帰りに渋沢栄一が発起人、相談役を務めた参宮鉄道を継承している、JR東海の参宮線に乗りました。長岡への出張も同道しましたし、京都の国立国会図書館関西館へ行った時も往復いっしょで、車中そして宿で渋沢栄一や『伝記資料』、それが生成していった時代や土地の風景について様々に語り合ったものです。このごろはコロナ禍もあり会うことは稀ですが、私とは全く別の視点から物事をとらえる山田さんとの会話は、豊かな刺戟と潤いに満ちていたのを懐かしく思い出します。

＊参考
・デジタル版『渋沢栄一伝記資料』【渋沢栄一記念財団＞渋沢栄一】

# 渋沢財団での仕事（5）アーカイブズの話

ここではアーカイブズとの関わりを書いておきます。最初に就職したのは「あらゆる業種の情報が集まる」銀行でしたが、そこに集まっているのは一般の書籍・雑誌の他に、社史、政府刊行物、各種団体が出す灰色文献などがあるものの、全て外部機関が作成した出版物でした。協和銀行では丁度社史の編纂が始まっていて、そのための部署が調査部に設置されていましたが、そこで使われる資料は銀行内部で発生した文書が主で、それらが資料室へ集まることはありませんでした。出版物以外を司書が扱うことは想定外でした。

1989 年に設立された記録管理学会に何かの縁で入会し、組織の内部で発生する文書の取扱いについて初めて学びました。

『アーカイブへのアクセス』ほか（筆者撮影、2023 年 2 月 22 日）

学会のプロジェクトで「企業における記録管理の実態調査」という記事をまとめたこともあります(『レコード・マネジメント』第17号掲載)。学会の活動を通じ、情報の発生から組織化、利用、保存、廃棄にいたるまで、一貫した理念に基づいて管理していく方法を知りました。1996年には『はじめて学ぶ文書管理：レコード・マネジメント入門』という本を編集してミネルヴァ書房から出版する機会もありました。確かにこの本には「アーカイブズ・マネジメント」の章がありましたが、当時はまだ司書の目でしか考えていなかったので、アーカイブズはどこか別の世界の話の感覚でした。

渋沢財団実業史研究情報センターでは2007年、日米のアーカイブ関係者による「日米アーカイブセミナー」を開催し、その成果は『アーカイブへのアクセス:日本の経験、アメリカの経験』として2008年に日外アソシエーツから出版されました。国内外の一線で活躍する実務家や研究者が熱心に発表し討議する様子に接し、それをとりしきるアーキビスト小川千代子さんと小出センター長の実行力にひたすら感激したものの、この時もやはりまだアーカイブズは私には遠い世界の気がしていました。

一大転機となったのは、2008年秋に小出センター長の指示で参加した、国文学研究資料館主催のアーカイブズ・カレッジでした。「アーカイブ」という言葉には記録資料そのものと、それを保存する建物や組織など二つの意味があることや、記録資料は一つでなく一塊の群で存在することが多いので、「アーカイブズ」と複数形で表現することが多いことなど、基本から学びました。その他にも記録資料は発生順あるいは受入れ順に、ラベルなど貼らず封筒に入れて並べる、という方法を知り、なぜなのかも学びました。私が仕事をしていたのは渋沢史料館という博物館の建物の中でしたが、博物館でもアーカイブズと同様に資料を扱っていたので、その理由もよく理解できるようになりました。この時になって初めて「アーカイブズ」というものに強く興味を持つようになりました。もとより渋沢栄一の情報は印刷物だけに載っている訳でなく、手書き文書の重要性に目を見開かされた思いでした。「くずし字」にも興味が広がり、2016年から企業史料協議会くずし字研究会で学び始めました。

実業史研究情報センターの社史プロジェクトでは、私の担当した社史データベースの他に、ビジネス・アーカイブズの事業も進められていました。その担当者松崎裕子さんが2007年からメールマガジン「ビジネス・アーカイブズ通信（BA通信）」を発信されるようになりました。原稿が出来上がるとスタッフ皆でチェックするので、ビジネス・アーカイブズに関する主に海外の最新情報に真っ先に接することができました。松崎さんが紹介される情報は毎号実に興味深く、海外のものも簡潔でこなれた訳文で読むことができ、また欧米だけでなくインドや中国の話題にも触れることができました。松崎さんは国際アーカイブズ評議会（ICA）企業労働アーカイブズ部会（SBL）（現在のビジネス・アーカイブズ部会 =SBA）の委員も務められるようになり、毎年メンバーの国で開催される年次集会に参加するため出張されていました。2011年には日本でSBLと企業史料協議会共催の国際シンポジウムを開催するのに奔走され、成果を『世界のビジネス・アーカイブズ：企業価値の源泉』として2012年に日外アソシエーツから出版されています。

企業史料協議会の役員も松崎さんは長く務められ、さまざまな事業を推進する原動力となっておられます。2013年には『企業アーカイブズの理論と実践』（丸善プラネット）の編集・執筆にあたられています。また必要なことは何にでも、ある時は和装、ある時はラテン語、ある時はWikipediaと、半端でない集中力で挑戦されています。「情報は発信しているところに多く集まる」のをよくわかっておられ、FacebookやTwitterでの発信も頻繁です。とにかくエネルギッシュで、深い学識と経験に裏打ちされた行動力は素晴らしく、しかも包容力のあるお人柄に私だけでなく多くの方が魅了されているのは証言者に事欠かないです。2022年には小出いずみさんと共に第23回図書館サポートフォーラム賞を受賞されたのは、真にめでたく嬉しいことでした。

＊　＊　＊

こうして渋沢財団でさまざまな経験を積んだ後、2017年8月に65歳で定年退職しました。退職の挨拶では、渋沢栄一から学んだこととして「変化を恐れず、新しいことに挑戦する勇気」をあげました。91歳で亡くなるまで社会に尽くした渋沢から見れば、65歳などまだまだ人生の半ばに過ぎません。幕末から昭和にかけて激動の時代を生き抜いた渋沢と自分を比べるのはあまりにおこがましいですが、21世紀の現代もまた渋沢の時代と同様に、あらゆる価値観がゆさぶられパラダイムが変動しつつある激動期であります。その流れの行く末から目をそらさず、20世紀以前には無かったウィキペディアという新しいメディアに挑戦しながら、渋沢の勇気を心にとめて歩んでいこうと思います。

＊参考
・アーカイブズ・カレッジに参加して / 門倉百合子（『青淵』No.719 2009年2月号）【渋沢栄一記念財団＞情報資源センターだより 21】

# 第3章
# ウィキペディア執筆記事あれこれ

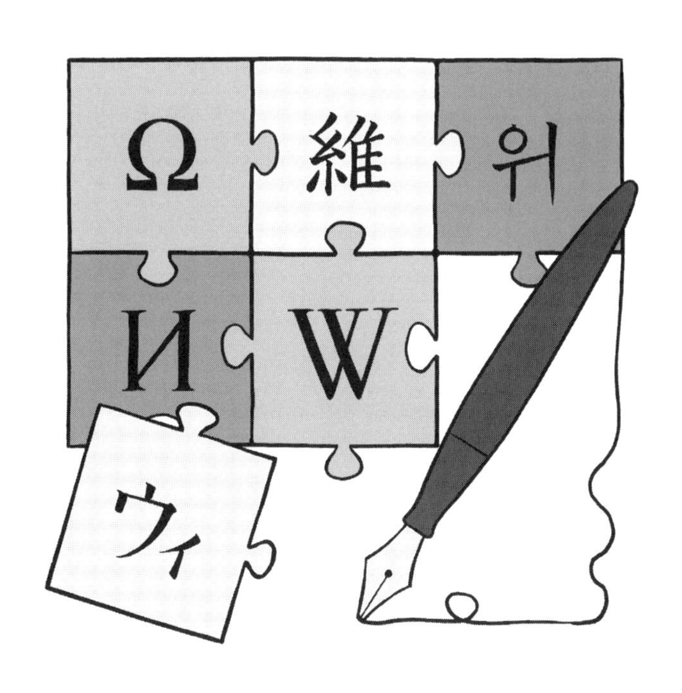

# ダンサー宮操子の物語

2019年のスウェーデン大使館でのWikiGapエディタソンで公開したダンサー「宮操子」(1907-2009) ですが、それまではウィキペディアで名前を検索すると本人の記事は無く、パートナーの「江口隆哉」(1900-1977) の記事へリダイレクトされている、という状況でした。二人は同じ舞踊団に入って知り合い、結婚して共にドイツへ留学し、帰国後に自分たちの舞踊団を立ち上げて広く活動した舞踊家でした。しかし共通事項は多々あるものの、人物としては生まれも育ちも、晩年の活動も異なっているので、宮操子の独立記事を作ってもいいのでは、と考えました。

そもそも宮操子の名前を知ったのは、私の所属しているオーケストラ・ニッポニカの演奏会で伊福部昭作曲『プロメテの火』という舞踊組曲を演奏することになったからでした。この作品は江口と宮が1950年に発表した創作バレエのために作曲されたもので、二人が主要な役割を演じています。江口については西宮安一郎編『モダンダンス江口隆哉と芸術年代史：自1900年(明治33年) 至1978年 (昭和53年)』(東京新聞出版局、1989) という、1,000ページを超える膨大な資料がまとめられており、宮の情報も載っています。しかし宮は江口より30年以上長生きしていることもあるので、他の資料も捜してみました。

そこで発見したのが、『戦野に舞ふ：前戦舞踊慰問行』(鱒書房、1942）という、第二次大戦中に宮自身が著わした本でした。タイトルを見てびっくりしましたが、これは戦中に江口・宮舞踊団が陸軍省の要請で中国の戦地に３回赴き、現地で行なった慰問公演の模様を書き綴ったものでした。この本はNDLデジタルコレクションに収録されていて何枚もの写真も掲載されているので、私の父も体験したであろう戦地の模様を詳細に知ることができました。序文は陸軍中将上村幹夫が寄せており、慰問を受ける側の兵士たちの心情を伝えています。この上村幹夫中将についてウィキペディアに記事があったので読んでみると、宮と出会った後に満洲で捕虜となりシベリアへ抑留され、「ハバロフスクで自死」とあったので胸が痛みました。

宮は晩年にも『陸軍省派遣極秘従軍舞踊団』（創栄出版、1995）という著作を出しています。こちらは第１章がドイツ留学のことで、第２章が中国とシンガポールの戦地で行なった慰問公演の模様、第３章はシンガポールからの帰還船に同船したイギリス人捕虜の話でした。この第２章の最後に、戦地で出会った豹の子どもについて書かれた１節がありました。病に倒れた宮が、ハチと名付けられた子豹に癒された話で、戦後の後日談もあり興味深い内容でしたので、ウィキペディアの記事にも１項目立てていれてみました。スウェーデン大使館でのWikiGap当日にこれを見た先輩ウィキペディアンの方が、「これはSwaneeさんが前に出したハチの記事のことですね」とおっしゃるではありませんか。驚いて調べると確かに「ハチ（ヒョウ）」という記事があり、戦地でハチを保護した小隊長成岡正久とハチのことが詳しく書かれていました。そこで宮操子

中国戦地慰問中の宮操子と、豹ハチ、成岡正久小隊長（1941年）（PD）

の記事からは「詳細は「ハチ（ヒョウ）」を参照」という注記をつければいいとの提案をいただき、そのとおりにしました。また「ハチ（ヒョウ）」の記事には宮操子とハチと成岡小隊長の写真がついていて、その場にいらしたSwaneeさんがどうぞお使いくださいとおっしゃってくださったので、私の記事にも貼り付けました。この写真はパブリックドメインでしたが、宮操子の写真で使えるものは探し切れていなかったので、とても助かりました。公開後に記事冒頭の宮の写真をどなたかが追加してくださいました。

宮の著作は他にもありましたが、ウィキペディアの出典には記事の主体となっている人物の書いたものでなく、本人と利害関係のない第三者の書いたものが望ましい、とされています。これは中立性を担保するためであり、「自分の事は書かない」というウィキペディアの方針を守るためでもあります。ですので「宮操子について書かれたもの」を探していくと、桑原和美という研究者が書いた「宮操子の半生と戦地慰問」(就実論叢 . 41 号 , 2011.2, pp61-81) という記事を見つけました。ここには宮の伝記的情報がきちんとまとめられていましたので、何か所もの出典として使うことができ、このほかにもいくつかの雑誌記事を見つけて情報を拾いました。またこの時は『プロメテの火』という作品についても同時並行で調べていたのですが、こちらは『《プロメテの火》アーカイヴ 1950-2016』という、同じ桑原和美が編集制作した DVD3 枚と冊子があることがわかりました。この資料は NDL 東京本館の音楽・映像資料室で閲覧することができ、冊子には宮の情報もあったので、典拠資料として使いました。音楽・映像資料室には DVD を視聴する設備もあったので、貴重な映像と音楽を鑑賞することができ、せっかくなので「プロメテの火」という記事をウィキペディアに出しておきました。

このようにしてたくさんの情報を集め、ウィキペディアの記事を作ることができました。改めて宮操子の記事を読んでみると、戦前、戦中、戦後といずれも激動の時代の中で、自分の求める道を果敢に突き進んでいった気丈な女性の姿が浮かび上がります。その足跡をウィキペディアの中に書き記すことで未来へ伝えられるのは意義深く、大きなやりがいを感じます。

# Wikipedia に『専門情報機関総覧』を載せてみた

アカデミック・リソース・ガイド株式会社（arg）の公式メールマガジン「ACADEMIC RESOURCE GUIDE（ARG）」908号（2022年6月27日）に投稿した、「Wikipediaに『専門情報機関総覧』を載せてみた」を再録します。掲載に当たりほんの少し手を加えました。

＊　＊　＊

2022年6月の始めに『専門情報機関総覧』の記事をWikipediaに書きましたが、その際に図書館の提供する情報が実に役立ったので、そのことを記録しておきます。

■きっかけ

ある専門図書館のことを調べていたとき、そうだ、『専門情報機関総覧』（以下『総覧』）の記載事項を追えば沿革についてのヒントが得られるのでは、と考えました。『総覧』は専門図書館協議会（以下、専図協（せんときょう））が3年に1度出版している、全国の専門図書館の名鑑です。早速図書館の所蔵状況を調べ、某大学図書館にだいたいあることがわかったので出かけることにしました。あらかじめネットでわかる情報から全体像を整理し、一覧をエクセルにまとめたのは、５月末の事でした。

そうしているうちに、この『総覧』自体がすばらしいレファレンスブックであることをじわじわと再認識してきました。しかし『総覧』についてまとまった情報は見当たらなかったので、概要をWikipediaに記事として載せておこうと思い立った次第です。

■現物調査

『総覧』は1969年以降およそ３年ごとに専図協が出していますが、創刊はさらに古く1956年で、これは『調査機関図書館総覧』というタイトルでした。国立国会図書館サーチ（NDL Search）で調べるとなんとこの資料はデジタル化されていて、５月19日に始まったばかりの「個人向けデジタル化資料送信サービス」（以下、NDL「個人送信」）の対象となっています。

1948年赤坂離宮（現・迎賓館）に開館した国立国会図書館（PD）
（『調査機関図書館総覧』を出版した頃）

アクセスするとすぐに手元のパソコン上に本の書影が現れ、思わず目を見開いてしまいました。

『総覧』のほうは1969年版から最新の2018年版まで、計17冊刊行されています。いずれも日本語ですが、調べると途中で英文版が３回出版されていることがわかりました。このうち２冊は同じ大学図書館で閲覧できましたが、残りの１冊はCiNiiでは見つからず、NDLの関西館にはあったので、取り寄せを申込んで閲覧しました。

■参考文献調査

並行して『総覧』について書かれている文献を調べました。NDLサーチやCiNiiでは25件ほどの雑誌記事がヒットしました。それを一つひとつチェックしていくと、なんとほとんどの記事はNDL「個人送信」で閲覧できることがわかりました。閲覧できない2001年以降の雑誌記事や調査中に判明した書籍は、大学図書館で見ることができたので、ほんの数日でほぼすべての文献に目を通すことができました。

■ Wikipedia掲載

参考文献を読んでいくうちに、『総覧』がなぜ刊行されたのかという経緯がわかってきたので、まず「刊行経緯」についての情報をまとめました。また各版の編集体制についても多くの記事があったので、概要を拾っていきました。図書館を支える「人」についてはなかなか追っていくのが難しいので、できるだけ先達の名前をいれるようにしました。

次に、書誌情報を表形式にしてみましたが、レファレンスブックは内容へのアクセス方法が大事なので、どんな索引があるか各版の中身を確認してまとめました。また表紙の「色」へのこだわりが長年引き継がれていることがわかり、これもアクセス方法に関連するので表に取り入れました。表を作った後は、機関ごとに記載されている本文の内容を簡略にまとめ、統計と索引についても、項目を分けてふれました。

■感想

これまでどこかの専門図書館を調べるために『総覧』を使ったことはありましたが、この『総覧』が多くの専門図書館人によって営々と刊行され続けていることが、あらためて深く心に響きました。そして今回、調べ始めてから1週間ほどでWikipediaに記事を出すことができましたが、これは閲覧を受け入れてくれた大学図書館と、NDL「個人送信」のおかげです。組織に属さない市民にとって図書館はいかに大切な知の基盤であるか、身に染みて感じた次第です。Wikipediaは進化する百科事典なので、載せた記事は完成形ではなく、多くのウィキペディアンによる今後の加筆修正を期待しています。

# 「古賀書店」の記事ができるまで

東京神田神保町にある古賀書店について知ったのは、おそらく40年以上前のことだと思います。音楽書の専門古書店で、本や雑誌のほかに楽譜も置いてありました。奥の方にはオーケストラのスコア（総譜）もあり、外国の作品だけでなく日本人作曲家の楽譜も見かけました。私がいつも楽しみにしていたのは演奏会プログラム冊子のコーナーで、箱の中に外国の有名なソリストやオーケストラの来日公演プログラムが、1冊ずつビニールの袋に入って並べられていました。多分コレクターが亡くなった後に遺族が手放したものでしょう。その箱を繰っていくと日本人作品の初演演奏会プログラムがたまにあるのです。何度か掘り出し物を見つけて仲間に自慢したものでした。

その古賀書店が閉店すると聞いたのは、2022年12月始めの事でした。そういえば1年くらい前から立ち寄っても、古い本でなく新しい楽譜ばかり並んでいたりしたので、客層が変わってしまったのかと気になっていましたが、きっと閉店準備のモードに入っていたのでしょう。友人がフェイスブックで12月末に閉店するらしい、と嘆いていましたが、どうすることもできません。せめてWikipediaに記事でもあればと探しましたが何もないので、これは一つ書いてみようかと思い立ちました。まずはNDLオンラインで「古賀書店」を検索すると20件ほどヒット。驚いたことにそれは古賀書店に関する資料でなく、古賀書店自体が出版した本の書誌がほとんどだったことです。中に一つだけ古賀書店に関する雑誌記事があったのですが、NDL館内閲覧のみでした。いずれにせよ資料が少なくてWikipediaにたいした記事は書けないなあと思いました。しかし若い友人にそれをつぶやいたら「ぜひ執筆してください！」と、背中をぐいっと押されたのです。

そこで12月14日に永田町のNDL本館に出かけ、館内閲覧のみの資料を確認し必要ページを出力しました。その帰りに神保町に出て古賀書店に立ち寄ると、いつもは他の客はめったにいないのに、その日は何人もの客でいっぱいでした。書架はかなりスカスカで、「2000円以上のお買い上げで全品50%Off」とセールの張り紙がありました。レジで店の人が客としゃべっているのが聞え、「閉店セールを始めたら毎日来客がいっぱいで、24日までの積りだけど品があるかどうか」とのこと。外に出て外観の写真を撮ると、同じように名残惜しそうに撮影している人がいました。

家にある資料で古賀書店が載っているのは、以前別の古書店から入手した小川昂『本邦洋楽文献目録』(音楽之友社、1952) だけでしたが、頭をめぐらして『東京古書組合百年史』というのが東京都古書籍商業協同組合から昨年出版されていたのを思い出し、近くの図書館から借り出しました。しかしこれには個々の書店の歴史などは書かれておらず、かろうじて直近の名簿に古賀書店を発見できただけでした。そうした中で12月20日の東京新聞に、古賀書店閉店の記事が出たのです。そこには閉店の経緯や常連の人たちの言葉がいろいろと載っていたので、これを出典にできる！ と思わず声をあげそうになりました。さらに元気付けられたのは、翌21日にNDLデジタルコレクションがリニューアルされた事です。早速「古賀書店」を検索すると、なんと847件もヒットするではありませんか。全文検索の威力をまざまざと見せつけられた思いでした。その内600件以上は館内閲覧のみでしたが、ヒット箇所のスニペットが表示されるのでざっと見ていくと、ほとんどは古賀書店の出版案内のようでしたので、必要な記事はそれほど多くないと見当が付きました。そこで翌22日に再び永田町に出かけ、2時間半ほどの館内閲覧で500件までチェックして必要記事をメモしたり出力したりしました。

こうして集まった情報を整理してみると、「古賀書店自体の記事」「通った音楽家たちの記事」「南葵音楽文庫に関する記事」の３つにまとめられました。これに最初にわかった「古賀書店の出版した書籍情報」を加えてまとめ、Wikipediaの原稿を作りました。ここまでやるとやはり見ていない100件余りの記事が気になったので、NDLデジタルコレクションを再度検索し、今度は「マイコレクション」に必要記事を10件ほどピックアップして準備。27日の年内最終開館日にNDLに出かけて「マイコレクション」の記事を閲覧し、ダメ押しの記事を発見してコピーを入手しました。また神保町にも立ち寄ると、古賀書店の入り口には「12月24日をもちまして閉店させていただきました。沢山のお客様に恵まれまして、感謝しております。長い間、ありがとうございました。古賀書店」という貼り紙がありました（次ページ写真）。そのメッセージを胸にきざみ、

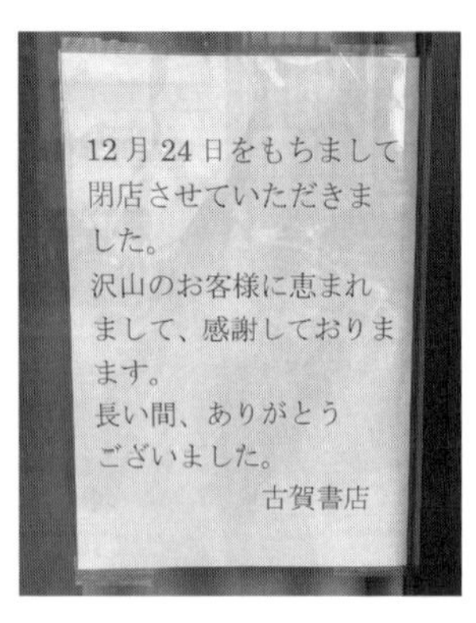


古賀書店閉店の貼り紙（筆者撮影、2022年12月27日）

原稿を手直しし、その日の夜に記事を公開しました。

翌朝起きて記事を見てみると、既に別のウィキペディアンにより記事が手直しされ、「新しい記事」の候補になっていることもわかりました。そして翌29日には早くも「新しい記事」としてWikipediaメインページに掲載されたのです。ここに載るとたくさんのウィキペディアンの方が見てくださるので、実際に何人かのウィキペディアンによって記事にいくつも手が入り、書誌事項の書き方を整えてくださる方、インフォボックスや写真やカテゴリーを整えてくださる方などいらして、どんどん記事がグレードアップしていきました。Wikipediaは確かに成長する百科事典なのだ、としみじみ感じ、また「集合知」とはこのことか、と実感したものです。こうして日本の音楽史に不可欠な古書店の情報を、ウェブの世界に残すことができました。

# 翻訳に挑戦―マキューアンの小説『贖罪（しょくざい）』

2019 年３月、「21 世紀に書かれた百年の名著を読む【第１回】仲俣暁生 × 藤谷治「イアン・マキューアン『贖罪』を読む」というイベントがあることを知りました。「21 世紀」とあるのに興味をひかれましたが、作家も作品も知らなかったのでまずは読んでみることにしました。新潮文庫で上下２巻、計600ページを超える長編でしたが、ぐいぐい引き込まれて一気に読み終わりました。マキューアンはイギリスの小説家で、2001 年に発表された『贖罪』の主要舞台は第二次大戦前後のイギリスと、フランスの戦場。最も心を動かされたのは第２部の戦場、主人公が属する連合軍のダンケルクへの退避場面でした。第二次大戦のヨーロッパの戦場について深い知識はありませんでした

イアン・マキューアン著　小山太一翻訳　『贖罪』（新潮社刊）

が、ダンケルクという地名の持つ意味の重みが深く心に響きました。私の頭の奥には中国戦線に従軍した父の存在があるのです。もっともこの小説が描くのは戦争という大きな世界ではなく、一人の少女の犯した過ちによる家族の分断と修復です。

イベントの方はあいにくスケジュールが合わず参加できませんでしたが、ウィキペディアを見ると、小説の記事は英語版にはあっても日本語版になく、日本語版には『つぐない』というタイトルで映画化された作品の記事だけがありました。そこで元の小説の方を英語版から翻訳してみよう、と思い立ったのです。翻訳は初めてでしたので、ウィキペディアの「翻訳のガイドライン」記事をよく読み、それに沿って進めていきました。全体の構成は英語版に沿って、定義文、あらすじ、登場人物、そして受賞と批評、論争も含めました。英語版では作品の内容だけでなく、批評や論争についても触れているのは、ウィキペディアの中立的な視点が守られていると感じました。いざ訳し始めてみると、原文の英語はもともと百科事典の記事なので、難しい言い回しや文学的比喩などはほとんどなく、辞書なしでもなんとか日本語にすることができました。それでも間違いがあってはいけないので、まず自分で訳してから自動翻訳の助けを借りていくつか修正を施し、映画作品の記事も参考にしながら仕上げました。

文中にたくさん出てくる固有名詞の翻訳はなかなか大変でした。この時にどうしたかはよく覚えていないのですが、今はたとえば「Saoirse Ronan」という人名が出てくると、英語版のその人物の記事を開き、そのページに日本語版があればそのカタカナ表記（この場合「シアーシャ・ローナン」）をあてはめ、日本語版へのリンクを埋め込む、という手順でひとつひとつ確認していきます。日本語版にその人名が無い時は、他のサイトで確認したり、Google翻訳に入れて音声を聞き、それに近いカタカナ表記をあてはめ、その上で英語版への「仮リンク」というのをつけるようにしています。この辺りはいろいろなやり方、考え方があるので、記事により一様ではないようです。ウィキデータも活用していますが、煩雑になるのでここでは省略します。

さて記事を公開した後で、気になっていたことを先輩ウィキペディアンに相談し、いくつか修正していただきました。また「あらすじ」はもともと詳しく書かれていたのをできるだけ忠実に訳したのですが、小説のネタバレになるのではと思い直し、そうした部分をいくつか簡略に書き改めました。今回この文章を書くにあたり記事を見直したところ、「あらすじ」についてはどなたかが詳しいヴァージョンに再度書き改めておられるのを確認しました。個人的にはちょっと書きすぎではと思いましたが、ウィキペディアの「あらすじの書き方」ガイドを読むと、「ネタバレ」についても言及がありました。そこには「百科事典としての性質上、ウィキペディアにはネタバレが含まれます。また編集者はネタバレに対して特別な配慮を行う義務を負いません。その情報が作品の持つ重要性を説明し、あるいは物語全体の構造を説明するのに必要なものなのであれば、ネタバレを記述することに躊躇しないでください。またそれがネタバレであるからという理由で、記事から記述を除去したり、意図的にその情報を省略したりするべきではありません」と書かれています。確かにその説明は理解できますが、だからといって詳しければいいというものではないでしょう。このあたりは作品によって充分に吟味、考慮した上で記事を書く必要があると思います。昨今の「映画を早送りで見る若者」に迎合する必要はないのです。いずれにせよ編集履歴は全て残されているので、いつでもだれでもその経過をたどることができます。

日本語版の記事を最初から作るのは、典拠となる参考文献をある程度調べ上げる必要があり、それなりに時間とエネルギーが必要です。しかし翻訳の場合は典拠のしっかりついた記事であればそうした手間は省けるので、これはなかなかいい、と思うようになりました。またひとつの記事の各国語版を比較してみると、それぞれの特徴が見えてくるのも面白いです。このマキューアンの「贖罪」はヨーロッパ各国語の他に中国語やハングルを含め 25 か国語版がありますが、「源氏物語」などはなんと 91 の言語版があり、アラビア語版を覗いてみると右から左へ書かれた文章が入っていて目がくらくらします。私はアラビア語は読めませんが、自動翻訳にいれてみると雰囲気がわかります。こういう記事をいろいろ見ると、ウィキペディアの世界は物理的な国境を越えて一続きにつながっているのだなあと、しみじみ感じます。

# ルシア・ベルリンとファミリーサーチ

日経新聞の書評欄にオードリー・ヘップバーンとソフィア・ローレンを足して二で割ったような美人が火の付いた煙草を手に持ち、その印象と全くギャップのある『掃除婦のための手引き書』（講談社）という書名があって、思わず見入ってしまいました。2019年10月のことです。書評を読むと著者ルシア・ベルリンは、「結婚は３度、息子が４人。シングルマザー。アルコール依存症」とあり、しかもこの本は「没後11年目にアメリカでベストセラーになった」とのこと。さらに「私小説とくくるには泥臭さがなく、半自伝的と表すには、自分を突き放したクールさがある。……ユーモアのセンスは天賦のもの。そして随所に労働者階級のポエジーがきらめく」という書評に惹

ルシア・ベルリン『掃除婦のための手引書』
（筆者撮影、2023年３月14日）

かれ、すぐに注文して期待に違わない読書を楽しみました。波乱に富んだ自身のあゆみを題材にした短編はどれもウィットに富み、自然な文体で訳文もこなれ、ステレオタイプのアメリカ人とは一味違う人生があることを知らせてくれました。

著者の事をもうすこし詳しく知りたいと思いましたが、日本語版ウィキペディアには記事がありません。英語版には予想通りあり、出典もきちんとつけられていましたので、コロナで自宅待機となった2020年4月に翻訳をしてみました。すると著者の父親は鉱山技師で、アラスカから米国各地、そしてチリの鉱山地帯にも家族で移り住んだことがわかりました。またベルリンは生活のために掃除婦だけでなく、看護師などの専門職も務め、コロラド大学ボルダー校で文章創作を教え、准教授も務めたことがわかりました。その活動範囲の広さに感心しましたが、ベルリンは刑務所でも教えていたそうで、道理で文章がうまいわけだと納得しました。そしてアメリカの刑務所には文章創作の教育も取り入れられているのは素晴らしいと思いましたが、日本ではどうなのでしょうか。

翻訳をするときは元記事の全体をよく眺めて典拠がきちんとついているかは確認しますが、翻訳自体は最初から順に作業していくので内容にはいろいろ発見があり、そこからさらに別の興味も広がり、それが楽しいです。この時も訳していくうち、チリの鉱山がでてきて脳みそを刺激しました。南米の鉱山といえば政治家高橋是清（たかはしこれきよ）が若いころ事業に失敗したのを想起したので調べると、チリでなく隣のペルーの銀山のことでした。渋沢栄一と同時代を生きた人物については、その動向を何かと気にしていたものです。またベルリンが教えていたコロラド大学ボルダー校といえば、戦時中に米国海軍日本語学校が移設され、ドナルド・キーンが学んだことでも知られます。海軍なのにどうして高地にあるコロラド州なのだろうと不思議に思ったものでしたが、まあ日本語学校は海に近くなくていいのでしょう。さらにベルリンが脊柱側弯症などの病気に悩まされていたことを知り、同じく不自由な体で創作を続けたメキシコの画家フリーダ・カーロを思いだしました。この画家を知ったのは、1990年ころ仕事をしていた雑誌記事索引の作業で扱った雑誌『マリ・クレール』でした。フリーダの夫ディエゴ・リベラの名前も知り、メキシコの巨大な壁画についても知ることができました。自分では普段読まない雑誌のページをくまなく繰った索引作りは、知らず知らずのうちに世界を大きく広げてくれたものでした。

さて、ひととおり翻訳が終わり記事を公開しましたが、ひとつ気になったことがありました。それは著者の生没年の典拠が、「FamilySearch」という英語版ウィキペディアの記事になっていて、それが何なのかよくわからなかったことです。そこでこれも翻訳してみることにしました。まず「FamilySearch」という言葉ですが、適当な日本語訳がみつからなかったので、そのまま「ファミリーサーチ」としました。そして定義文は「系図の記録、教育、そしてソフトウェアを提供する非営利団体であり、そのウェブサイトである」と訳しました。欧米では家族のルーツを捜すのが盛んで、そのために公文書館を利用する市民が多いそうですが、このファミリーサーチもそうしたルーツ探しのツールとして利用されていると想像しました。しかし訳していくうちにどんどん知らなかった世界が広がり、驚きの連続だったのを思い出します。

翻訳の一方で知り合いのアーキビストに「ファミリーサーチ」って知ってますかと尋ねると、なんとNDL「カレントアウェアネス」や記録管理学会機関誌『レコード・マネジメント』に関連の記事があることを知らせてくれました。確かに家系図に関する情報資源は、アーカイブズや歴史研究にとって不可欠であります。そこで挙げられていたものも参考文献にして翻訳をしあげ、記事を公開しました。すこし時間と手間がかかりましたが、数日後にウィキペディアンの投票による「新しい記事」に選ばれ、やった甲斐があってよかったです。それにしても海外には系図関係のビジネスがたくさん存在することを知り、驚くとともにいろいろ考えさせられた経験でした。

# ベルリン音楽大学とグロボカール

渋沢財団を退職してからしばらく勤めた明治学院大学図書館に、学生アルバイトとしてやってきたのが坂本光太さんでした。1990年生まれの坂本さんは東京藝術大学音楽学部でチューバを専攻し、大学院に進んでからドイツのベルリン音楽大学に留学。修士課程を修了して帰国後、芸大の修士課程も修了し、国立(くにたち)音楽大学の博士課程に進まれたところでした。

私の知っているベルリン音大は旧西ベルリンにありましたが、坂本さんの出たのは旧東ベルリンにできた大学なのだそうです。調べるとそれは「ハンス・アイスラー音楽大学ベルリン」という名称で、1949年ドイツが東西に分かれた時に音楽大学は西ベルリンにしかなかったので、新たに東ベルリンに1950年開校した大学でした。ウィキペディアを調べると、日本語版に既に記事が立っていましたが、ごく簡単な紹介しか書かれていませんでした。英語版の記事もありましたが、日本語版よりましなもののたいした内容ではなく、やはりここはドイツ語版が一番詳しかったので、初めてドイツ語版からの翻訳加筆に取り組んでみました。独文科で学んだのははるか昔のことですが、若いころたたきこまれたことが役にたちました。一通り訳してみると、研究機関も実施されている教育も実に充実した内容の大学であることが端々から伝わってきました。1990年に東西ドイツが統一されてから30年以上たつので、旧西ベルリンの音大（現在はベルリン芸術大学）と密接な関係があることもわかってきました。

坂本さんが研究しているのは、スロベニア出身のトロンボーン奏者で作曲家のヴィンコ・グロボカールでした。聞いたことのない名前でしたが、坂本さんのリサイタルに通って作品に接し、また彼が国立音大の紀要に発表した論文を読み、グロボカールの人となりがだんだんわかってきました。1934年生まれのグロボカールは卓越した技術を持つトロンボーン奏者として、また作曲家として活躍していましたが、ある時からその音楽が社会的、政治的な視点を強く持つようになったのです。私は20代から所属してきたオーケストラが、音楽のための音楽

坂本光太チューバ・リサイタル「Gewalt/Geräusch/Globokar（暴力／ノイズ／グロボカール）」2020.3.1（フライヤー：坂本光太提供）

でなく社会活動としての音楽を目指していたので、そうしたグロボカールに興味を持つようになりました。

ウィキペディアにはグロボカールの記事が立っていましたがとても薄い内容でしたので、少しずつ書き改めていきました。坂本さんの論文だけを典拠としたのでは、「独自研究は載せない」というウィキペディアの方針に反するので、音楽事典など他の資料もできる限り参照しました。また中立性を担保するために、坂本さんには事前に一切相談せず、公開された情報のみを典拠として記述しました。さらにグロボカールの作品についてもごくわずかしか掲載されていませんでしたので、彼が一時所属していたフランスの IRCAM（イルカム）のウェブサイトにあった作品情報を典拠とし、「グロボカールの作品一覧」という記事も新規に出しました。モーツァルトやベートーヴェンの楽曲一覧という記事があるのだから、グロボカールのもあっていいでしょう、と考えた次第です。IRCAM の元のリストはジャンルごとの ABC 順でしたが、表形式の編集方法もだんだんわかってきたので、別のアプローチができるようにジャンルごとの作曲年順にしてみました。またタイトルの日本語も付けてみました。原文はフランス語が多かったですが、若いころにかじったフランス語の知識が役立ちました。無骨なドイツ語に親しんでいると、エレガントなフランス語がまぶしく、ラジオのフランス語講座を半年ほどじっくり聞いて辞書くらいは引けるようになったのです。

グロボカールは日本では金管奏者を除き、ほとんど知られていない作曲家でしたが、2021 年 1 月に出た沼野雄司著『現代音楽史』（中公新書）には、グロボカールが一つの節に取り上げられていて、坂本さんも驚いてらっしゃいました。私はこれで信頼できる典拠資料が一つ増えたと喜んだものです。そして坂本さんはグロボカールについての博士論文を提出、卒業演奏も無事終了し音楽学の博士号を取得。その４月から京都女子大学の教育者、研究者として、また演奏家として社会人の第一歩を踏み出されました。その後に博士論文は国立音楽大学リポジトリから公開されたので、こちらも典拠資料として使えるようになりました。

2022 年になってあらためてグロボカールのことを調べてみると、その年に「ドイツ音楽作家賞」の生涯功労賞というのを受賞しているのがわかりました。日本では余り知られていなくても、ドイツでは高く評価されているのがよくわかりました。受賞を知らせるウェブサイトには受賞式でトロフィーを受け取った受賞者の写真も載っていて、90 歳近いグロボカールの姿を見ることができました。この賞についてもドイツ語版ウィキペディアから翻訳しました。また賞を出している「ドイツ音楽著作権協会」も日本語版になかったのですが、ドイツ語版は詳しすぎて手に余ったので、こちらは英語版から翻訳して出しました。それにしても音楽著作権は国によって様々な背景があるものだと、少しわかってきました。この記事はウィキペディアの「新しい記事」に選ばれて嬉しかったです。

# シャリテーとワールド・ドクターズ・オーケストラ

新型コロナウィルスの猛威が世界中に広がってきた2020年５月に、「COVID 19パンデミック時のオーケストラ演奏に関する声明」が、ベルリンのシャリテー大学病院の医師と、ベルリン・フィルほかベルリンの７つのオーケストラとの共同で出されました。オーケストラでは演奏者が密に並んで演奏するし、特に管楽器は息を吐きだす仕組みなので、この声明は奏者の息がどこまで飛ぶのか、ということ等の実証実験の結果を踏まえ、必要な対策をまとめたものです。声明の最初に「一般的防護措置」として咳エチケットや対人距離をとることなどがあり、次の「オーケストラの配置と楽器の推奨」では楽器の種類ごとに必要な事項が詳細に記されています。当時は日本でもオーケストラの演奏会が軒並み中止となり、どういう対策をとるべきか喧々諤々（けんけんがくがく）の議論が続いていました。その時期にドイツでこれほど大掛かりできちんとした声明がでたことに驚いたものです。これを知って私は音楽のことがなぜ病院からと思い、声明を出したシャリテー大学病院がどんな組織か知りたくなりました。

ウィキペディアをみると日本語版に「シャリテー」の記事があるものの、３行くらいしか書いてありませんでした。ドイツ語版はさすが詳しかったのですが、普段馴染みのない分野だったので、わかりやすそうな英語版を翻訳し日本語版に加筆してみました。翻訳といっても医学関係の知識は皆無でしたので、専門用語が出てくると一つずつ辞書でいつもより丁寧に確認し、間違いのないように気を付けました。人名も細菌学者のロベルト・コッホ以外は聞いたこともない人たちでしたが、多くのノーベル賞受賞者は日本語版に記事がありましたので、そちらへリンクを張ることができました。日本語版に記事の無い人物については、英語版へリンクを張る形でなんとかまとめました。馴染みのない分野でも元々百科事典の記事なので一般の人にわかりやすく書かれており、翻訳することはできるし、典拠がきちんとしていれば翻訳を日本語版に載せる意義があります。

やってみるとシャリテーがヨーロッパで最大級の大学病院であること、1710年の創設で当初はペストの流行に備えたものであったこと、シャリテーとは慈善（Charity）の意味であることなど、いろいろわかってきました。東西ドイツの時代、シャリテーは東ベルリンに位置し、「冷戦時代は東側の宣伝材料だった」とも書かれていました。現在は治療と共に最先端の研究教育機関でもあり、「研究する、教える、癒す、助ける」というモットーを掲げています。各国の大学病院と提携していて、日本は千葉大学と埼玉医科大学の名前が挙がっていました。中国も上海と武漢の大学病院の名前があり、コロナ発祥の地とされる武漢からもCOVID 19について直接情報を得ていたのかと想像しました。

さて当初の疑問、音楽のことがなぜ病院から、ですが、その要にいらしたのが声明の筆頭に名前の出ているシャリテー

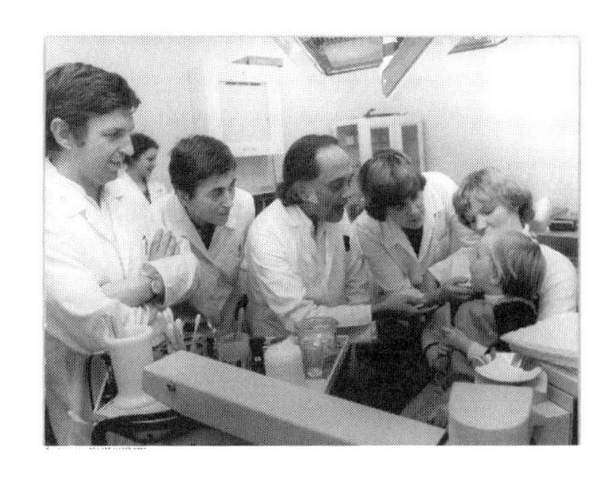

ベルリン・シャリテー大学病院の顎顔面外科クリニックでの診察（1979 年 11 月 22 日）（ドイツ連邦公文書館、Bild 183-U1122-0009 / CC-BY-SA 3.0、ウィキメディア・コモンズ経由で）

の医師で医学博士の「シュテファン・ヴィリッヒ」（Prof. Dr. med. Stefan N. Willich）さんでした。彼は医師としての仕事の一方でワールド・ドクターズ・オーケストラ（WDO）という、世界中の医師からなるオーケストラを 2007 年に組織し、世界各国でご自身は指揮者として演奏活動を続けているのです。日本には全日本医家管弦楽団というお医者さんばかりのオーケストラがあるのは知っていましたが、世界規模でそうした団体があるのは知りませんでした。たまたま知人の医師 A さんがこの WDO に参加していることがわかったので、いろいろと教えてもらいました。コロナ禍でヴィリッヒさんは世界中の医師たちに情報を提供し、励まし続けておられるそうです。ヴィリッヒさんの記事はドイツ語版ウィキペディアにしかなかったので、それを翻訳して出しました。そこにはベルリン・フィルなどと協力してオーケストラ演奏におけるコロナウィルスの影響を確認し、声明を出されたことも載っていました。ヴィリッヒさんは医学と並行して音楽も学び、先に翻訳したハンス・アイスラー音楽大学ベルリンの学長も務めたこともわかり、半端でない経歴に感嘆しました。

「ワールド・ドクターズ・オーケストラ」の方は英語版の記事があったので、そちらから翻訳しました。このオーケストラの収益は医療支援団体や様々な社会活動プロジェクトに寄付されているそうです。2014年には日本でも演奏会を開いていることがわかり､いくつか典拠資料を見つけることができました。このブログのために今回久しぶりに記事を見たら、2020年時点では無かったドイツ語版の記事が出ていたので、その内容を日本語版に追記しました。WDOの公式サイトの方も見たところ、コロナ禍真っ最中であった2020年のコンサートはさすがにありませんでしたが、2021年からはドイツ国内を中心に再開されていることがわかりました。2022年にはヨーロッパ以外にもカリブ海の島アンギラや、米国ボストンなどで開かれ、2023年にはコスタリカや米国のダラスでも予定されているそうで、演奏活動は健在であります。

＊参考
・「COVID 19 パンデミック時のオーケストラ演奏に関する声明」2022年8月改訂版【https://tinyurl.com/3z4v3p3u】
・「新型コロナウイルス（COVID-19）パンデミック期間中のオーケストラ演奏業務に対する共同声明」全訳 / 須藤伊知郎（2020年5月の版）【https://note.com/fukudayosuke/n/nd9be5dd9812a】

# 幸田文の小説『流れる』

2015年に義理の母が亡くなり、蔵書をいくらかもらってきました。その中に幸田文（こうだあや）の小説『流れる』と、『幸田文全集』全23巻がありました。幸田文の名前は知っていても読んだことはなかったのです。父親は小説家の幸田露伴、父の弟幸田成友（しげとも）は『渋沢栄一伝記資料』編纂にも関わった歴史学者、その妹の幸田延（のぶ）と安藤幸（こう）は音楽家、というくらいの知識でした。その後、萩谷由喜子が著した延と幸の姉妹の評伝『幸田姉妹』（ショパン、2003）を読み、明治の洋楽黎明期に欧米に留学した姉妹とその足跡を知りましたが、幸田文の小説を読むことはなく時間が過ぎました。

幸田文、1951年頃（PD）

2020年になりコロナ禍で自宅に籠る時間が続き、ふと書架にあった『流れる』を手に取り、読み始めました。すると戦後間もない時期の花柳界（かりゅうかい）の出来事をそれこそ「流れる」ように綴る作者の文章に、すっかり引き込まれてしまいました。私は東京で生まれ育ちましたので、舞台となった隅田川の下流あたりの風景は何となく目に浮かびます。それでも小説で描かれる世界に縁はなく、それを目の前に展開してくれる幸田文の文章にどんどんはまっていきました。

この小説は1955年に1年間雑誌連載され、翌年すぐ単行本になり、ほどなく文庫本にもなるほど売れた作品です。その後ラジオやテレビドラマになり、舞台にもかかり、映画化もされています。そこでウィキペディアをのぞいてみると、映画化された「流れる」の記事はありましたが、小説についてはほとんど触れられていませんでした。成瀬巳喜男監督の東宝映画はそうとうに流行ったらしいですが、原作の記述が無いのは片手落ちと思い、書いてみることにしました。原作と映画でタイトルが違う場合は、別々の記事にすることもあるようですが、今回は同じタイトルでしたので、映画の記事の前に小説の項目立てをしました。

「あらすじと登場人物」については、手元の小説本からまとめることができましたが、そのほかの情報を調べるための『全集』も手元にあったのは幸いでした。小説家の個人全集というのは背表紙を眺めることはあっても、じっくり中を紐解くのは初めてでした。岩波書店から出た『幸田文全集』には、数多ある小説の本文はもちろん、それについての作者の言葉も収められていました。しかもそれは小説について語った言葉だけでなく、舞台化されたり映画化されたりした際のパンフレットに載った文も丹念に収録されていました。また最終巻には、年譜と著作年表、作者による「後記」など、関連する情報が徹底的に収められていたのです。そして全ての記事を縦横に探せる索引が、当然のことのようについていました。文芸作家の全集編纂にかける出版社の執念のようなものを、ひしひしと感じた事でした。

記事を書いていた時期はコロナ禍で図書館が使えなかったのですが、小説出版に至った「背景」や、「発表・出版年譜」「上演史」といった項目も、全集が手元にあったおかげで自宅にいながらまとめることができました。書きながら元の小説を２回くらいななめ読みで目を通し、最初は気が付かなかった事柄が見えてきたり、映画や舞台の女優さんのしぐさが思い浮かんだり、何重にも作品を味わった気分です。小説本の装丁には和服の生地が使われていたことも､作者の生き様を偲ばせるようで、深く心に残りました。

今回改めてウィキペディアを覗いてみると、私の書いた後に何人もの方が記事を充実させて下さっていたのがわかりました。こうしてウィキペディアは発展していくのだなあと感じます。私は情報をまとめたInfoboxを冒頭に追加しておきました。映画の方には出典がひとつもついていないので、どなたかきちんと付けてほしいものだと思います。それから昨今話題のChatGTPで、「幸田文の小説“流れる”」について聞いてみましたが、全く別の作家の別の作品についてしか回答が返ってきませんでした。なので少なくとも現時点（2023年4月6日）でChatGTPはウィキペディアを参照していないことがわかりました。オンラインで検索できる種々の情報源を参照しているのだと思うのですが、日本文学に関してはまだまだ発展の余地が充分ありそうです。せいぜい質問を入れて勉強してもらおうかと思っています。もっともChatGTPよりも、参照先となる日本文学関連のオンライン情報源を整備するのが先でしょうか。関係の皆様の奮闘に期待いたします。

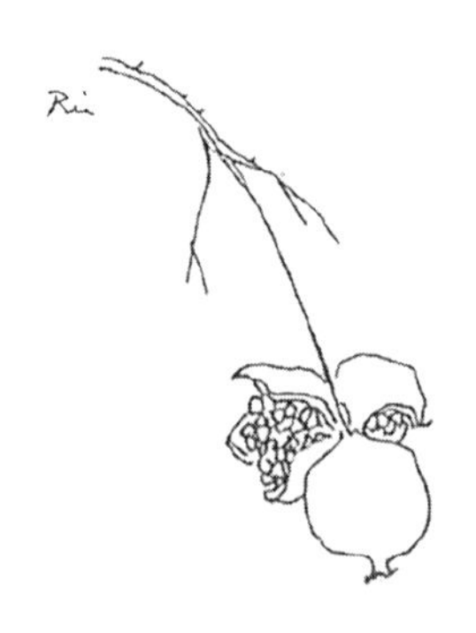

# 歌人長沢美津、五島美代子、五島茂

2006年に亡くなった母は、短歌や俳句に長く親しんでいました。それに関する蔵書がたくさんあり、2011年に実家を改築する際、私が引き取ることになりました。といっても狭い家に置く場所もなく、とりあえず倉庫会社に預けていたのです。しかし自分自身も歳を重ねてくると、まだ元気なうちに整理してみようと思い立ち、昨2022年秋に倉庫会社から段ボール10箱ほどを取り寄せました。

箱を一通り開け、種類別に大ざっぱに仕分けてみると、短歌と俳句それぞれに書籍と雑誌の山ができました。短歌の書籍の山には、五島茂、五島美代子、長沢美津、の3人の歌人の歌集がとりわけ多くありました。母がこの先生方に指導していただいていたのは何度か聞いたことがありますが、どのような方なのかはほとんど知りません。ウィキペディアを覗いてみると3人

五島茂、1952年頃（PD）

とも既に記事があり、著名な先生方なのだとわかりました。しかし今回取り寄せた書籍や雑誌からわかることもいろいろありそうだったので、それぞれの記事に加筆してみることにしました。

最初に取り組んだのは「長沢美津」でした。長沢が主宰していた女人短歌会（にょにんたんかかい）の結社誌『女人短歌』は1950年創刊で、母の蔵書に何冊かある中に1997年の終刊号もあったのです。長沢美津は99歳で没していますが、一人の歌人が結社創立に参加し、それの終焉まで見届けて亡くなったという事実の重さが心に染み入りました。また1905年金沢生まれの長沢が、上京して日本女子大学校（今の日本女子大学）で国文学を学び、高名な学者久松潜一に師事したことも知りました。戦前期に大学まで進学して学んだ女性は数少ないと思うので、その向学心に感じ入りました。

長沢は短歌を詠み指導するだけでなく、『女人和歌大系』という全6巻の研究書をまとめ、風間書房から出版していることもわかりました。これは記紀万葉の時代から昭和戦前期までに日本の女性歌人が詠んだ和歌8万首を、系統だって集積したものです。博士号まで取得した長沢の学者としての業績は高く評価されていたらしいですが、16年にわたり一人でまとめあげた『女人和歌大系』は索引もきちんと付けられたレファレンスブックでもあり、もっと広く知られていいと思いました。そこで全貌を知るために図書館で閲覧し、概要をウィキペディアの長沢の記事の中に載せておくことにしました。NDLオンラインの書誌には目次が出ていますが巻ごとなので、一覧できるものが見当たらなかったのです。出来上がった記事で全貌を眺めてみると、長沢の志の深さがしみじみと感じられます。

次に取り組んだのは「五島美代子」です。こちらも夫の五島茂と共に立春短歌会を主宰し、結社誌『立春』を1938年に創刊しています。この「立春」という言葉や美代子先生、茂先生の名前は母の口から何度も聞いており、毎月送られてくる『立春』を母が大切に読んでいたのを思い出します。この『立春』はそれこそ何百冊も母の蔵書にありましたが、番号順に整理してみるとこちらにも終刊号が1998年刊行第562号として入っていることがわかりました。その他にも「創刊50周年記念号」などの特別号があり、そこに記された結社の歩みも次第にわかってきました。皇太子妃美智子さま（現・上皇后さま）の和歌の師であった五島美代子は、夫に先立ち1978年に没しており、夫の編集で『定本五島美代子全歌集』が1983年に出版されていました。

「五島茂」のほうは2003年に103歳で没しましたが、晩年まで歌集を出しつづけていました。経済史学者として身を立てる一方で、美代子と共に立春短歌会を生涯率いていたのです。立春短歌会は全国に支部を持ち、市井の人々に短歌を広めていました。そうした小さな組織の活動は無くなってしまうと急速に忘れ去られるので、結社のほうも「立春（短歌結社）」としてウィキペディアに出しておきました。日本の短歌結社は数えきれないほどあるようで、その中で立春短歌会がどの位の位置を占めるのかはわからないのですが、全国に支部を持ち多くの人々が集ったこと、戦争をはさんで60年にわたり結社誌を出し続けていたこと、足跡をきちんと結社誌にまとめていることなどから、ウィキペディアに立項する意義を見いだした次第です。しかし自ら記したことだけを典拠とするのは避けなければいけないので、NDLデジタルコレクションなどで「立春短歌会」に関する情報を検索し、脚注に追加しました。一方で長沢美津の女人短歌会の方は立春短歌会ほどの広がりは持たなかったようなので、今回の立項は見送りました。(その後日経新聞書評で、2023年6月に濱田美枝子による『女人短歌』と題した研究書が書肆侃侃房(しょしかんかんぼう)から出ているのを知りました。書評には女人短歌会が「戦後短歌を語る上で欠かせない存在」とあり、それならば立項できるのではないか、と考えています。)

明治の末に生まれた私の母は女学校に通っていたころ関東大震災に遭い、結婚した父が長男を残して出征するなか婚家に仕え、戦後復員した父と共に5人の子どもを育て上げました。末っ子の私には想像もつかない苦労を経験したはずですが、それを表に出して嘆くようなことはありませんでした。心のうちに秘めていた思いをおそらく短歌や俳句にたくさん詠ってきたのだと思います。母は自分の作った短歌や俳句をまとめて本にすることは一切望んでいませんでしたので、メモしたものがわずかに残っているだけです。せめて恩師についてウィキペディアに確かな情報を載せることが、母の供養になるかなと思います。

# ニール号遭難事故とフランス郵船

ニール号というのはフランスの貨客船で、この船は1874年(明治７年) ３月に伊豆半島の沖で座礁沈没してしまいました。積み荷は前年オーストリアのウィーンで開催された万国博覧会に日本から出品した品と、現地で調達した品でした。この遭難事故について知ったのは、企業史料協議会主催くずし字研究会のテキストにでてきたからです。くずし字研究会では主に幕末から明治にかけての政府や民間の文書を読み進めていました。渋沢財団で渋沢栄一の実業家としての足跡を追っていた私ですが、扱っていたのは明治以降の出版された文献ばかりでした。しかし渋沢は1840年生まれ、実業界に身を投じたのは1873年、丁度ウィーン万博の年で、当時33歳。それまでの人生は「くずし字」の中にあったのです。それに気が付いて以来、いつかくずし字を学んでみたいと思うようになりました。ウィキペディアを始めた2016年の４月になって、念願の研究会に参加しました。

ニール号を扱った2018年の研究会では、事故の模様を伝える様々な手書き文書を読み進めていきました。事故現場である伊豆半島の先端にある村々の戸長から、足柄県権令（今の県知事）に宛てた書類。その権令から内務卿、外務卿など中央政府へ宛てた書類。博覧会事務局から大臣に宛てた書類などなど。一つの文書は必ず控えがとられるし、同時に複数の宛先に送ることもあるので、コピー機など無い時代ですから同じ内容を別々の人が書き写しています。読みやすいものもあればミミズが這ったような文字まで種々様々で、相当に鍛えられました。また文字だけでなく、当時の博覧会事務局の置かれた立場とか、行政の情報伝達の仕組みとか、当時の文書を通じて実に様々な背景を知ることもできました。

テキストを読み終わってから2年以上たった2021年の元旦、思い立って伊豆半島の先端まで日帰りドライブに出かけました。朝6時半すぎに出発して多摩川あたりで初日の出を拝み、御殿場で富士山を間近に見てから南へ降り、伊豆半島の真ん中を下田へ向かいました。明治の初期は中央の役人が何日もかけてこの道を徒歩で下田に向かったと、くずし字文書にありました。お役人も見たであろう景色を眺めながら、11時ころに下田の海蔵寺という寺にある、ニール号遭難者の慰霊塔に到着。手を合わせて拝んでから写真を撮りました。逆光でしたが墓に刻まれたフランス語の追悼文も何とか収められました。次は遭難現場に近い入間（いるま）港に出てみました。車を駐車場に停め海岸まで降りる階段を行きましたが、ものすごい強風で吹き飛ばされそうになり、すごすごと退散。風は一時的でなく、四六時中吹いている印象で、これでは船が座礁したのも無理はない、と感じた次第です。その後は西伊豆をぐるっと回ってから夕方に帰宅。

写真を撮ることができたので、早速ウィキペディアの記事を準備しました。ニール号について書かれた文献をいろいろ調べ、くずし字研究会で読んだテキストと同じものをアジア歴史資料センターのサイトでみつけたり、海から回収された品を展示している東京国立博物館の画像をジャパンサーチでみつけたりすることができました。沈没した品々は海が常に荒れているのでほとんど回収できず、今も海底に眠っているのですが、2004年から海底調査が行われていることもわかりました。そうして集めた情報をまとめ、写真も貼り付けて「ニール号遭難事故」という記事を公開しました。

2022年秋に改めて記事を見直し、NDLデジタルコレクションで「ニール号」を検索して新たな情報を発見。以前はニール号が「フランスのマルセイユから横浜まで荷物を運んだ」、という情報しか見つからなかったのですが、くずし字研究会では「トリエステから荷物を積んだ」という文書を読んでいたので、船の航跡が今一つよくわからなかったのです。トリエステはアドリア海に面したイタリアの港ですが、当時はオーストリア＝ハンガリー帝国の領土でした。ウィーンから船に荷物を積むには最もふさわしい港だったのでしょう。ではマルセイユを出港した船がトリエステに立ち寄ったのか、疑問でした。

だいたいニール号は「仏国郵船」の船、とテキストにあるのですが、日本郵船は知ってても「仏国郵船」とはなんだかわかりません。そこでいろいろ調べたところ、Messageries（メサジュリ） Maritimes（マリティム）というフランスの海運会社だとわかってきました。Messageriesはメッセンジャーで「郵便を運ぶ」、Maritimesは「海の」、というわけで、翻訳したら「仏国郵船」になったのでしょう。「フランス郵船」としている文献もいくつかありました。この会社は英語版Wikipediaに記事があったので、翻訳して「メサジュリ・マリティム」という記事を出してみました。この会社の船はマルセイユからスエズ運河を通って東洋まで運行していたのです。もう一つわかったのは、トリエステで博覧会の荷物を積んだのはイギリスの船で、スエズ運河入り口のポートサイドまで運び、そこで仏国郵船の船に積み替えたのでした。またニール号は香港と横浜を往復する短距離航路の船だとわかり、大型船がポートサイドから香港までやってきてから、ニール号にもう一度積み替えたのです。ニール号がマルセイユから長旅をしてきたわけではありませんでした。

さらに大きな発見は、『東京国立博物館百年史』(1973) に詳しい記述と資料が掲載されていることと、歴史学者クリスチャン・ポラックの著書『百合と巨筒（おおづつ）』(在日フランス商工会議所、©2013) に、ニール号の遭難を詳しく述べた章があることでした。東博の『百年史』は慶應大学図書館（三田メディアセンター）で、ポラックの本は日仏会館図書室でそれぞれ現物を閲覧しましたが、長年の疑問が一気に解決した気分でした。こうして新たに発見した文献で判明したことを取り入れ文章を修正し、脚注も追加して更新しました。2022年12月には東京国立博物館創立150年記念特別展で、海底から引き揚げられた「吉野山蒔絵見台」の実物を観ることができ、公開されているその画像へのリンクも記事に追加しました。ウィキペディアは成長する百科事典なので、これからも新しい情報を加えていければと思います。

吉野山蒔絵見台。東京国立博物館蔵。沈没したニール号から引き上げられるまで１年以上海中にあったが、近年修復されて往時の輝きを取り戻した。出典：国立文化財機構所蔵品統合検索システム（https://colbase.nich.go.jp/collection_items/tnm/H-108?locale=ja）

# WikiGap エディタソン 2020：海外の女性音楽家３人

2019 年に WikiGap エディタソンに参加しましたが、翌 2020 年９月にも同様にイベントの案内が来ました。しかしコロナ禍での開催で、現地スウェーデン大使館だけでなくオンラインの参加もできるというので、オンラインを申し込みました。書く人物については、「作成が望まれている記事題材リスト」というのが提示されていたので、その中で女性音楽家にしぼって３人を選んでみました。３人とも全く初めて聞く名前でしたが、英語版ウィキペディアからの翻訳に挑戦しました。

■メルバ・リストン（1926-1999）：アメリカのジャズ・トロンボーン奏者

アメリカのジャズ奏者といえば、マイルス・デイヴィスとか、デューク・エリントンとか、ルイ・アームストロングとか、何人か思い浮かべますが、みんな男性です。女性のトロンボーン奏者はクラシック音楽で近年増えていますが、メルバ・リストンは 1940 年代からジャズの世界で活躍していたというので、俄然興味がわきました。といってもジャズに詳しいわけではないので、端から翻訳していっても今一つよくわからないことばかりです。そこで彼女が共演していたピアニスト、「ランディ・ウェストン」について、先に翻訳してみました。彼はアフリカに行ったり、日本にも来たことがあり、日本のファンもいることがわかりました。もう一人、「ビリー・エクスタイン」というバンド・リーダーについても翻訳してみると、当時のジャズ界をめぐるいろいろな事柄が少しずつわかってきました。

こうして周りから近づきながら、「メルバ・リストン」の本文を訳し終えましたが、「社会的意義」という項目には彼女の女性としての奮闘ぶりがまとめられています。また記事を公開した直後に『メイキング・オブ・モータウン』という米英合作映画が公開され、リストンも仕事をしていたモータウンというレコード会社の歴史だというので観に行きました。「20世紀を代表する黒人大衆音楽の名門レーベル」というモータウンを通して、多民族国家アメリカの一つの側面を感じ取ることができました。

■イサベラ・レオナルダ（1629‐1704）：イタリアの作曲家

こちらは一転して17世紀イタリアの修道女の作曲家です。

イサベラ・レオナルダ（Kaupunkilehmus、CC BY-SA 4.0、ウィキメディア・コモンズ経由で）

修道女の世界というのも全く未知でしたが、カトリックの世界では司祭は未婚で自ら後継者を作れないので、信者たちは家族の中の一員を教会に送り込むことで、組織体を維持している、という知識に支えられました。イサベラの家も高貴な名門家族で、聖ウルスラ修道会の熱心な後援者であったそうです。イサベラは16歳で修道学校に入り、生涯を修道院で過ごす中で作曲をしたのでした。

200曲に及ぶ彼女の作品は「教会音楽のジャンルをほとんど網羅している」とのことですが、教会音楽のジャンルというのもあまり馴染みはなかったので、訳しながら学ぶことができました。聖歌隊の歌う声楽曲だけでなく器楽曲もいろいろあり、音楽の様式も様々で、当時女性に開かれていなかった様式も使って作曲したそうです。「作品の献辞」についての項目では、聖母マリアに宛てた献辞と、当時の高位の人宛ての献辞が常にセットであり、それは修道院への財政支援を求める必要からだった、という説明に納得しました。また作曲の動機自体にもそういう背景があったのかと思いました。なお、記事の外部リンクからは作品情報へ飛ぶことができます。

■ウム・サンガレ（1968-）：マリの歌手

西アフリカのマリ共和国と聞いて思い出したのは、2013年にアルジェリア東部で起きた人質事件で、日本の会社日揮（にっき）の社員7人が巻き込まれて亡くなったことでした。当時は隣接するマリ北部でも紛争が発生して、人質事件の報道でもマリという国名が出てきました。日揮という会社の社史をその時に詳しく見てブログで紹介しましたので、マリという国名を聞くと日揮を想起したのです。紛争の絶えない地域という印象でしたが、その地にもあたりまえのことながら市井の人々が暮らし、音楽があることを、このウム・サンガレという歌手を知って改めて気が付きました。

さて記事の翻訳を始めてみると、まず「ワスル」という地域名でひっかかりました。これは西アフリカの「historical region」である、と英語版に書いてあるので、これを「歴史的地域」とし、後日記事を別に出しました。確かに現在の国境や行政地域の堺目と文化の境目が一致しないのは、どこの国でもあります。アフリカの記事は初めて接するので、地名だけでなく人名、団体名、楽器名など馴染みのない言葉をねじり鉢巻きで一つずつ訳していきました。どうしても訳せないのは、そのままカタカナ表記にしたりもしました。

ウム・サンガレは５歳の時に幼稚園歌唱コンクールで優勝しているとあり、その活躍ぶりには華々しいものがあります。貧しい家庭に育ち、母親を助けるために歌手になった彼女は、女性の地位向上のために様々な事業を手がけ、FAO の親善大使も務めているそうです。掲載されている写真を見るだけでも、そのエネルギッシュな活動ぶりが思い浮かびました。

＊　＊　＊

WikiGap イベントが終わり出来上がった記事 91 件の一覧を眺めた後で、執筆者、記事名、職業、ジャンル、地域、生年の

6項目を抽出して一覧表にし、イベントページに貼ってみました。様々なデータがごそっとあると、すぐ索引を作りたくなるのは司書の性癖なのです。それぞれの項目はソートができるので「地域」でソートしたところ、日本が38件で最も多く、ヨーロッパが26件、アメリカが18件、アジアと中東・アフリカが2件ずつ、という結果でした。今回「ウム・サンガレ」というアフリカの女性も扱ったことで、記事の多様性に少しは貢献できたかなと思います。また、このイベントには同窓のSugpeeさんが参加されていたので嬉しかったです。

＊参考
・『日揮五十年史』【日揮 , 1979】｜【情報資源センター・ブログ＞2013-01-29】

# WikiGap エディタソン 2022：<br>日本の女性作曲家とウクライナ出身の歌手

スウェーデン大使館による WikiGap エディタソンのイベントは 2020 年で終了しましたが、自主的グループによるオンラインのイベントが 2022 年３月に開催されたので、参加しました。今回も３人の女性音楽家を扱いました。

■北爪やよひ（1945-）：作曲家

図書館の仕事で北爪やよひの楽譜を見る機会があり、少し調べると父親はクラリネット奏者北爪利世（きたづめりせい）、母はピアノを学び、兄の北爪道夫は作曲家､叔父の北爪規世（きせい）はヴィオラ奏者という、音楽一家に育ったことがわかりました。ウィキペディアを見ると父と兄、北爪利世と北爪道夫は記事がありますが、北爪やよひは英語版とオランダ語版に記事があるものの日本語版には無く、これは WikiGap の題材になると考え、作ってみることにしました。しかし英語版はとても情報が少なく、オランダ語版の方がまだ作品情報が載っていたので、オランダ語版からの翻訳に挑戦しました。オランダ語というのは英語とドイツ語を足して２で割ったような感じがあり、センテンスをにらんでいるとなんとなく意味が伝わってきます。自動翻訳で英語やドイツ語に翻訳したりしながらなんとか仕上げ、音楽事典や小林緑『女性作曲家列伝』（平凡社、1999）の情報なども追加して公

小林緑『女性作曲家列伝』平凡社刊（HD）
（北爪やよひ、藤家溪子が載っている）

開しました。私より少し上の世代ですが、ハンガリーに留学し、独特の音楽世界を築いているのがわかりました。

■藤家溪子（ふじいえけいこ）（1963 -）：作曲家

私の所属しているオーケストラ・ニッポニカの演奏会で藤家溪子を取り上げることが決まりましたが、名前すら知らない作曲家でした。ウィキペディアを見てみると記事は出ていましたがごく簡単な内容で、それでも著作があがっていたのでまずそれを古書店から入手しました。『小鳥の歌のように、捉えがたいヴォカリーズ』（東京書籍、2005 年）という素敵なタイトルの本で、藤家が折々に書いた文章をまとめてあり、巻末に作品一覧とディスコグラフィー、そして自作 7 曲を収めた CD がついていました。いくつか文章を読んでみると、音楽や自然に対する豊かな感性や、自立した精神の持ち主であることが匂い立つように伝わってきました。また藤家は長崎で長く音楽活動をしていましたが、近年はなんとアフリカのブルキナファソで現地の音楽家と共にオペラを制作している、という生き方にびっくりしてしまいました。ブルキナファソは、前に出した「ウム・サンガレ」のいるマリ共和国の南隣です。行ったことはないものの、何となく馴染みの気分でした。こうしてわかったことを基に、手元の音楽事典などの情報も参考にしてウィキペディアの記事に大幅に加筆し、「藤家溪子の作品一覧」という記事も併せて出しました。

ニッポニカで演奏する藤家の『思いだす　ひとびとのしぐさを』という曲は、チリの詩人ガブリエラ・ミストラルの詩を題材にしていることもわかりました。こちらも知らない名前でしたが、南米で初めてノーベル文学賞を受賞したというだけに、ウィキペディアには詳しい記事が載っていました。ところがな

藤家溪子『小鳥の歌のように、捉えがたいヴォカリーズ』東京書籍刊（HD）

んと出典がひとつもついていないのです。これはあんまりだと思い、図書館に通って資料を調べ、出典を全体に追加しました。これは WikiGap とは別に、2022 年 9 月のことですが、女性の記事を充実させることができてよかったです。

■リディア・リプコフスカヤ（1882-1958）：ロシアのソプラノ歌手

WikiGap イベント直前の 2 月 24 日、ロシアのウクライナ侵攻が始まりました。それは 2 月 17 日から 3 月 17 日まで開催の「ウクライナの文化外交月間 2022」というウィキメディア財団のイベントの真っ最中でした。この時、世界中のウィキペディアンたちがこぞってウクライナに関する記事を書いたの

リディア・リプコフスカヤ、サンクトペテルブルク、1913 年（PD）

です。イベントページを見ると、映画、音楽、演劇、文学、視覚芸術、その他、という6つのジャンル別に「おすすめ記事」の一覧が提示されていて、ウィキペディアの55か国語版にその記事があるかないかが出ているのです。そこで私も参加してみようと思い、おすすめ記事の「音楽」から、英語版にあって日本語版に無い「リディア・リプコフスカヤ」というソプラノ歌手を選びました。

この歌手はウクライナ出身で、ロシアで活躍していましたが、ロシア革命後の1920年にアメリカに亡命しています。そして1922年にアジアに演奏旅行した際、日本にも立ち寄り帝国劇場で公演したのです。これがわかったのはインターネットで検索してヒットした、渋沢財団情報資源センターの2009年2月19日のブログ記事でした。そこには「1922（大正11）年2月19日　L.リプコフスカヤ　【『帝劇の五十年』（東宝，1966）掲載】」とあったのです。自分で書いたブログが思いがけずヒットしてびっくりしました。情報源は『帝劇の五十年』(東宝、1966）という社史の年表データで、その後2014年に「渋沢社史データベース」として公開しています。『帝劇の五十年』の年表には「リプコウスカ夫人」となっているのですが、ブログの方に「リプコフスカヤ」とも書いておいたのでヒットしたのです。ロシア人の名前はカタカナ表記のゆれが多いので、可能性のある表記はブログに書き込んでおく、という習慣があったのでした。ともかくウィキペディアの英語版には来日情報は無かったので、追記することができてよかったです。今回NDLデジタルコレクションを「リプコフスカヤ」と「リプコウスカ」の両方で検索したところ、来日時の公演内容だけでなくパリでの公演についても情報が見つかり、さらに追記できました。NDL デジタルコレクションが拡張したのは 2022 年 12 月で、それ以前に公開した記事は私の場合 120 件もあるのですが、NDL デジタルコレクションを少しずつ再検索してみようと思います。

# Wikipedia ブンガク７：<br>吉田健一のケンブリッジでの３人の師

「Wikipedia ブンガク」のイベント案内を 2022 年の春に受け取りました。Wikipedia ブンガク実行委員会の主催で、会場は神奈川県立近代文学館、テーマは「吉田健一」。街歩きではなく作家や文学作品をテーマにした催しには前から興味があったので、早速申し込みました。実行委員会は周到に準備を重ねていることが予想できましたので、当日いきなり参加しても充分成果がありそうでしたが、せっかくなので「吉田健一」について予習してみることにしました。

政治家吉田茂の長男である吉田健一（1912-1977）の本は、実家で何冊も見たことがあります。私の父と同世代で、直接接

吉田健一、1951 年頃（PD）

することはなくても父はきっといつも気にしていた作家なのだと思います。小説やエッセイに出てくる神田界隈の街や店は、父もよく馴染んでいたはずで、亡くなった姉からもそうしたことにまつわる話を聞いた覚えがありました。しかし私自身は吉田健一の本を読んだことはありませんでした。そこで代表作の一つといわれる『ヨオロッパの世紀末』(新潮社、1970)を古本屋から入手しました。この本の背表紙は確かに実家で見た覚えがあります。早速ページを繰ってみましたが、ちょっと手ごわそうでななめ読みだけしました。

今度はやり方を変え、ウィキペディアの「吉田健一」の項目を見てみました。すると幼少のころ父親の仕事によりヨーロッパで暮らし、中学は日本で終え、ケンブリッジ大学に留学したことがわかりました。しかし半年ほどでそれを切り上げて帰国し、日本で文筆活動にはいっています。せっかく留学したのになぜ帰ってきてしまったのか、そのあたりが急に気になりました。子どものころからヨーロッパの空気に触れていたのだから、生活や文化が合わなかったとは思えません。大学や教師と馬が合わなかったのかと想像しましたが、イギリスで師事した3人の名前がでていてもいずれも赤字リンクで日本語版に記事がなく、具体的なことがわかりません。そこでこの3人の記事を英語版から翻訳してみることにしました。

3人のうちの一人、指導教授であったF.L. ルーカスの記事は一番長くて大変そうでしたが、訳し始めてみるとその波乱に富んだ生涯に、まるで小説を読んでいるような気分になり引き

F・L・ルーカス、ローヤル・ウェスト・ケント
連隊第７大隊２尉、1914 年（PD）

込まれました。第一次大戦に従軍して負傷したこと、優秀な成績でケンブリッジを卒業し母校の研究者になったこと、T.S. エリオットの詩を酷評したこと、戦間期には平和を守るための活動を果敢に続けたこと、第二次大戦では情報将校として暗号解読に従事したこと等等。私生活もドラマに満ち、吉田健一が留学したのは最初の結婚生活が破綻したころであったのがわかりました。最初の妻が思いを寄せた相手のデイディ・ライランズは、今回吉田の師の一人として記事を翻訳した３人目の人物でした。もう一人の師、ゴールズワージー・ロウズ・ディキンソンも興味深い人物で、学者としての業績が高いだけでなく、国際平和についても種々の努力を重ねていたようです。またケンブリッジで一生を過ごした教養人の世界というのも垣間見るこ

とができました。

そんな風になんとか３人の師の記事を翻訳したところで、５月５日のイベント当日を迎えました。横浜の港の見える丘公園の素晴らしい眺めを堪能し、文学館に向かいました。最初に展示解説があり、なんと展示の中にはF.L. ルーカスにあてた吉田健一の手紙がたくさんあるとのこと。吉田は帰国直後から恩師が没するまで、たくさんの手紙を交わしていたのでした。その手紙はルーカスが没した後に、３番目の妻から吉田の遺族に送られてきたそうです。また私の疑問、吉田がなぜ帰国したか、についての情報もいくつか発見することができました。学者か作家になるか迷っていた吉田が帰国したのは、ルーカスの影響があるということも、用意されていた参考文献で確認することができました。吉田健一はディキンソンとも手紙を交わし、自身の『交遊録』（新潮社、1974）にも詳しく記載していましたので、そうした情報を記事に追加することもできました。そうしてわかってきたことをウィキペディアの原稿に付け加え、３人の記事をイベント中に公開しました。一つ失敗したのは、ルーカスの記事タイトルをウィキペディア日本語版の慣習に従い「F・L・ルーカス」とすべきところを、うっかり原稿どおり「F.L. ルーカス」としてしまったのです。すぐ気が付いて助けを求めたところ、実行委員会にウィキペディア管理者の Araisyohei さんがいらしたので、その場で修正してくださいました。

このイベントでは何人ものウィキペディアンの方に会うことができました。主催者の Mayonaka no osanpo さんとか

神奈川県立近代文学館（筆者撮影、2022年５月５日）

Latenscurtisさんとか、大宅壮一文庫の鴨志田浩さんとか、いろいろ共通の話題のあるAncorone3さんなどなど。そして音楽好きなウィキペディアンEugene Ormandy（ユージン・オーマンディ）さんとは初対面なのにすっかり意気投合しました。音楽の記事について同じ土俵で情報交換できる方に出会ったのは初めてでしたので、なんとも心強く嬉しい出来事でした。（その後2023年になってEugne Ormandyさんは、ウィキメディア財団の「ウィキメディアン・オブ・ザ・イヤー」新人賞に日本人として初めて選ばれ、８月にシンガポールで開催されたWikimania2023で表彰されました。おめでとうございます。）

# Wikipedia ブンガク８：川端康成の翻訳者オスカー・ベンルとゲーテ・メダル

2022 年秋には「Wikipedia ブンガク８：川端康成」のイベントがありました。川端の小説はあまり読んだことがないのですが、せっかくなのでオフサイトで参加することにしました。川端ほどの文豪であればウィキペディアの記事も充実していると想像しましたが、予想通り新書が一冊書けるかと思うくらいの量の記事が公開されていました。しかしその中で、川端の 1926 年の作品『伊豆の踊子』を 1942 年にドイツ語に訳した「オスカー・ベンル」という人名が赤リンクでしたので、この人の記事をドイツ語版から翻訳してみることにしました。英語版は無く、ドイツ語版とフランス語版だけが出ていたのです。

ドイツ語版の記事によると、1914 年ドイツに生れたベンルは、日本文学に興味を持ち戦前に東京帝国大学に留学、戦時中は駐日ドイツ大使館に勤務していたそうです。数多くの日本文学をドイツ語に翻訳しましたが、川端の小説では『伊豆の踊子』『雪国』などがあげられていました。共に有名な作品ですが読んだことは無いので、新潮文庫の『伊豆の踊子』を入手して読んでみると、踊子たちの旅路は前に「ニール号遭難事故」の取材で南下した伊豆半島中央の街道そのものであったことがわかりました。その時に見た伊豆の風景や人物の心情を 1942 年の

川端康成、1938 年、鎌倉の自宅にて（PD）

時点で翻訳したベンルの手腕を想像し、それがどのように受け入れられたか興味深かったです。今回改めて NDL デジタルコレクションで「オスカー・ベンル」を検索したところ、日本に留学した経緯や出した本の書評などを見つけることができたので、記事に追記しました。また東大で師事したのが、歌人長沢美津の師でもあった久松潜一で、久松の妻は歌人佐佐木信綱の娘であることもわかり、様々な人間模様も浮かび上がってきました。

話は飛びますが、国際交流基金の作っている「日本文学翻訳作品データベース」でこのほど Oscar Benl を検索したら、1942 年から 2016 年までの出版物が 141 件もヒットしました。このデータベースは「主に戦後の作品」がメインですが、戦前のもヒットしました。またユネスコの翻訳書誌 Index translationum の Translator の項目に「Benl, Oscar」といれて検索したら、54件もヒットしました。いずれも細かくは見ていませんが、ウィキペディアの記事にも役に立つのではと思っています。

閑話休題。川端康成の記事の中でもう一つ赤字で気になったのが、「ゲーテ・メダル」でした。これは英語版とドイツ語版にあったので翻訳しようとしましたが、やっていくうちに「ゲーテ・メダル」と呼ばれるものが複数あることがわかってきました。しかも川端が受賞したのは「ゲーテの盾」というのが本来の訳語で、こちらも複数の「ゲーテの盾」があることがわかり、最初に交通整理が必要でした。さらに「ゲーテ賞」という似たような顕彰もあり、こういう場合にウィキペディアでは「曖昧さ回避」という記事を作るのが推奨されているので、まずはあちこち調べながら「ゲーテ・メダル（曖昧さ回避）」という記事を出しました。

さて次に、川端の受賞に関して確認のためいくつかの典拠資料を調べたところ、1959年の新聞記事などによると5月に受賞の連絡があり、8月にドイツのフランクフルトでの受賞式に川端が出席したことがわかりました。川端は前年末から胆石で東京大学病院に入院し、4月に退院してきたばかりでしたので、当初は受賞式に行かずに在独日本大使館員が代わりに受け取ることになった、という記事もありました。実際のところ川端は8月には身体が回復してドイツまで出かけられたのでしょう。このあたりについてウィキペディアの記載とずれていたので、出典をあげて修正を加え、注釈も付けておきました。またドイツ文学について川端が何か特別の業績をあげたわけではないのに、なぜドイツの文豪ゲーテの名を冠した顕彰を受けたのか不思議でしたが、当時の新聞記事に川端本人が「ペンクラブでの活動が評価されたのでしょう」と語っているのを見つけて納得しました。川端は1948年から1965年まで日本ペンクラブの会長を務め、1957年の国際ペンクラブ東京大会を主催国会長として運営したのでした。なお、新聞記事検索に使った『新聞集成昭和編年史 昭和34年版』（新聞資料出版、2011）の索引には、川端はもちろん「ゲーテ・メダル」なども載っていたものの、新聞記事でも「ゲーテ・メダル」「ゲーテの盾」「ゲーテ賞」は混同されていました。外国語の訳は難しいなと思いながらも、ウィキペディアにきちんと書いておくことの意義を改めて感じた次第です。

ヨハン・ヴォルフガング・フォン・ゲーテ没後150年
記念メダル（表面）（Klaus Kowalski, CC BY-SA 4.0,
ウィキメディア・コモンズ経由で）（本文とは無関係）

ところで、これらのゲーテに名前をとったさまざまな賞の受賞者は主にドイツ人なのですが、日本人も何人かいるので名前をみていくと、私の独文科の恩師である木村直司先生のお名前がでてきました。ゲーテの専門家である木村先生には10年くらい前の同窓会でお目にかかりましたが、その時「今はドイツでもゲーテを教える人は少なくなってきていて、私がドイツまで出かけて行って教えることもあるのです」とおっしゃっていたのが印象に残っています。

# ロシアの話：音楽、小説、俳句

ミリイ・バラキレフの肖像画、1860 年代頃（PD）

■ロシアの音楽

2022 年２月に私の所属するオーケストラ・ニッポニカでロシアの作曲家ミリイ・バラキレフ（1837-1910）の作品を演奏することになり、前年秋から関連情報を調べ始めました。

バラキレフが世に出るきっかけとなった「アレクサンドル・ウリビシェフ」という音楽評論家を知り、英語版ウィキペディアから翻訳して 2021 年 11 月に出しました。19 世紀ロシアの知識人の横顔を知ることができましたが、バラキレフにもっと接近するために、同時代の文学作品を読んでみようと思い手に取ったのが、トルストイ『戦争と平和』でした。年末年始に読み進め、ナポレオン軍との戦場となったロシアの地図を毎日眺めていました。そして演奏会が終わった直後、ロシアによるウクライナ侵攻が始まり、毎日眺めていた地図の真ん中に、ウクライナがあったのです。それまで音楽の事以外でロシアについて深く考えた事はほとんどありませんでしたが、これからは好むと好まないに関わらず、考え続ける必要があるだろうと直感しました。

７月の演奏会では古関裕而の作品を取り上げるので、古関の師である金須嘉之進（きすよしのしん）が19世紀末にロシアに留学していたことを思い出し、留学先の情報を調べてみました。留学先の現在の名称は「サンクトペテルブルク国立アカデミーカペラ」「グリンカ記念合唱学校」というのですが、英語版やドイツ語版ウィキペディアに記事があるものの簡単なものだったので、ロシア語版からの翻訳をしてみました。若いころロシア語のキリル文字を読めるようになりたく、テレビのロシア語講座を見て辞書を引けるようにはなっていました。といっても直接の翻訳は難しいので自動翻訳で一度英語あるいはドイツ語にしてから、ロシア語の辞書も使って日本語に訳しました。固有名詞の翻訳にはとても苦労しましたので、名称のゆれについても記載しておきました。国立アカデミーカペラのウェブサイトを見ると、豊かな伝統に根付いたイベントの数々が案内されていましたが、ウクライナ侵攻はその間にも途切れず続いていたので、複雑な心境になりました。

ミハイル・シーシキンほか著，沼野充義・沼野恭子 編訳『ヌマヌマ』
（河出書房新社刊）

■ロシアの小説

『戦争と平和』を読んでいた時期に、ロシア文学者沼野充義・恭子夫妻の編訳による『ヌマヌマ：はまったら抜けだせない現代ロシア小説傑作選』（河出書房新社、2021）を知りました。2023年になってやっとこの本を読み始めることができ、３月に続き４月にも２人の作家の記事を翻訳して出しました。「オリガ・スラヴニコワ」は1957年生まれの小説家。『超特急「ロシアの弾丸」』は、ジェットエンジン搭載の超特急ロシア号が、モスクワを出発して5,000キロ離れたイルクーツクに向かい、時速700キロで疾走する物語。先頭車両に乗り込んだジャーナリストたちの言葉で語られますが、「どこに向かっているかも、一瞬先に何が起きるかもわからないまま疾走し続ける」ロシア号は、「ロシア」そのものの比喩だという編者の言葉に愕然とし、著者の鋭い視点に瞠目しました。

２人目の「ザハール・プリレーピン」は1975年生まれの小説家で政治家でもあります。彼の『おばあさん、スズメバチ、スイカ』という作品は、牧歌的なタイトルですが最後に暴力が潜んでいるのです。初めて男性作家の記事を訳しましたが、プリレーピンはチェチェン紛争を始めとする歴戦の戦士であることに慄然とし、ウクライナ侵攻をロシア側で担っている人物とはこういう人なのかと、しばらく言葉を失いました。しかし冷静にその足跡に目を向けてみようと思っていたところ、５月になって沼野恭子さんのFacebookでプリレーピンの乗った自動車が爆発物で破壊されたというニュースを知りました。運転手が死亡し、プリレーピンは負傷したとのこと。ウィキペディアの記事を見ると、既にどなたかがこの件について加筆してくださっていました。沼野恭子さんは「彼の政治信条はまったく受け入れられないが、小説家としてロシアで高く評価されている彼の作品にはある種の魅力を感じ」、「作品の完成度は高いと思う」と語っておられます。プリレーピンの情報が載っている資料を案内されていたので、図書館で借りて確認し、ウィキペディアの記事に追記しました。

その後残りの作家の作品も読み進め、ウィキペディア日本語版に無い作家は翻訳して立項し、既にある作家については出典などを追記しました。改めて全体を眺めてみると、ソ連・ロシアの作家たちは1985年に始まったペレストロイカ以降、それまで唯一正しいとされた「社会主義リアリズム」の手法から解放され、自由奔放に創作活動を進めていったことが実によくわかりました。各人の取り上げるテーマや手法は一律ではありませんが、誰もがこみあげる感情を自由に羽ばたかせ、外面的にも内面的にも色彩豊かで深遠な精神に支えられた世界を描いています。こうした作家たちが2022年からのウクライナ情勢にどのように対峙し、創作の世界に取り込んでいくのか、あるいは現実世界でどう活動するのか、注目したいです。

■ロシアの俳句

2023年2月、『俳句が伝える戦時下のロシア:ロシアの市民、8人へのインタビュー』(現代書館、2023) という本にも出会いました。日経新聞コラムで翻訳家斎藤真理子が、ロシア人のオレクさんというモスクワ近くに住む方の「タンポポに青い空いたるところに ウクライナ」という俳句を紹介していたのです。これにはびっくりし、早速書店で買い求めました。ロシア各地の市民8人へのインタビューと俳句が載っていて、どの句

馬場朝子 編集 , 翻訳『俳句が伝える戦時下のロシア』(現代書館刊)

にもそれぞれの人生が投影され深い思いが伝わり、感動しながら読み終えました。「生きてます　息子の手紙　光跳ね」という母親の喜びを詠んだナタリアさんは63歳、俳句と出会って人生が変わり、俳句は心の救済だと語っていました。編訳者の馬場朝子はモスクワに留学後、NHKディレクターとしてソ連、ロシアのドキュメンタリーを40本以上制作したとのこと。ウクライナ侵攻が始まり、戦時下で俳句を詠むロシアとウクライナの俳人にインタビューした番組「戦禍の中のHAIKU」は、2022年11月19日に放映されたそうです。そして番組で紹介しきれなかった俳句をまとめたのがこの本で、ウクライナの俳人の作品をまとめた本は別途企画中とのことです。

私は俳句を15年ほど詠んでいますが、季語や五七五という日本語の制約があるのが俳句の真髄と考えていたので、「外国語で俳句を詠む」とは一体どういうことなのか、見当がつきませんでした。目の前に現れた「タンポポに青い空　いたるところに　ウクライナ」というのは翻訳で、元のロシア語は本の巻末に「Жёлтые одуванчики синее небо Украина повсюду」とあり、英語にすると「Yellow dandelions blue sky Ukraine everywhere」となります。元のロシア語の発音をGoogle翻訳で聞いてみても五七五とはなりませんが、「タンポポ」という季語があり、侵攻の始まった時期の一瞬を切り取り、きっと他の手段では言い表せない思いを詠んだことが伝わります。作者のオレクさんは、「何かの光景を見るとすぐにこの出来事（編注：侵攻）を思いだし、この連想が痛みを伴って湧いてくる」と語っています。

こうした俳句が作られ、それを読んで感動した体験から、俄然「外国語の俳句」に興味がわいてきました。

調べると海外の俳人との交流を推進している国際俳句協会という団体があるのがわかり、早速いろいろ情報を集めてウィキペディアに立項しました。またその中に20世紀初頭に俳句をフランス語に翻訳した「ポール＝ルイ・クーシュー」という人物がいることを知り、この人についても英語版から翻訳して出しました。ロシアにはフランス文化がたっぷりはいっていった歴史があるので、クーシューの本もきっとロシアに伝わっていたと想像します。さらに「源氏物語」をロシア語に翻訳した「タチアーナ・ソコロワ＝デリューシナ」という人物も見つかり、彼女は蕪村や芭蕉も翻訳しているので、この人もロシア語版から翻訳して出しました。ロシアでは1998年からロシア語俳句コンクールが行なわれているそうで、1万通を越える応募があるとのこと。その背景には俳句をロシアに紹介した何人もの先人がいるのでしょう。そうした人や事柄に一つひとつ注目していく私なりのやり方で、ロシアのことを考え続けていこうと思います。

2023年8月末に、ウラジスラバ・シモノバさんの句集『ウクライナ、地下壕から届いた俳句』が集英社インターナショナルから出版されました。シモノバさんはウクライナのハルキウで1999年に生まれ、14歳から俳句を詠み始めました。そして2014年から侵攻が始まった2022年にかけて詠んだたくさんの句から、この本にロシア語と日本語対訳の50句が収められています。俳人黛まどかの監修で、10数名の俳人により7か月かけて丁寧に選句と翻訳がされたとのこと。早速入手しましたが、瑞々しい句に心を洗われる思いでした。じっくり味わいたいと思います。

「地下壕に 紙飛行機や 子らの春　ウラジスラバ」

# Wikipedia 執筆記事の記録

〜 2023 年 1 月〜 5 月〜

# Wikipedia 執筆記事の記録<br>2023 年 1 月

## 国際文化会館図書室、日本の参考図書ほか

2022 年 10 月から『「70 歳のウィキペディアン」のブログ』(略称＝ Wikipedia70 ブログ) を書き始めました。これまでのウィキペディアとの関りを振り返り、歩みをまとめておこうと思い立ったものです。毎週少しずつ書き進めていたところ、2023 年 1 月 31 日になって、ウィキメディア財団公式ブログ Diff に私のこのブログの 1 記事を取り上げていただきました。ありがたいことです。なお Diff という名称は「Difference」からきており、種々の「違い」に注目したものです。

ウィキメディア財団のロゴ（PD）

■ 2023年1月のウィキペディアを振り返る |Diff【https://w.wiki/6HQX】

このウィキメディア財団の「2023年1月のウィキペディアを振り返る」というブログ記事を読み、そうだ、私も月間記録を書き溜めておこうと思い立ちました。「Wikipedia70ブログ」にはこれまでの歩みをまとめていますが、それと並行してウィキペディアに新しい記事もいろいろ書いていたのです。早速2023年1月ですが、新規記事7件（自然園、岡見彦蔵、大手町資料室連絡会、経団連レファレンスライブラリー、永冨和子、国際文化会館図書室、日本の参考図書）、加筆記事2件（永冨正之、アンリエット・ピュイグ＝ロジェ）、翻訳記事2件（クローディン・ゲイ、クロード・ドゥラングル）、計11件の記事をウィキペディアで執筆しました。これらをテーマごとにまとめてみると、概要は次のようになります。

まず「自然園」は、近所に「自然園下」というバス停があるのに、「自然園」そのものは影も形も無く、なんだかよくわからなかったことから執筆したもので、それを設置した「岡見彦蔵」についても調べてみました。岡見の名前をNDL典拠で引いたところ、生没年の出典に『頌栄女子学院百年史』というのがあり、この本はNDLデジタルコレクションで見ることができました。その結果この頌栄女子学院で彼が教員、校長を務めたことがわかり、NDLオンラインでは探せなかった情報を得て記事を出すことができました。

次に「永冨正之」「永冨和子」「アンリエット・ピュイグ＝ロ

ジェ」ですが、これらは私の所属するオーケストラ・ニッポニカの２月の演奏会に因んだ人物です。ピュイグ＝ロジェはパリ音楽院の高名な教師でしたのでウィキペディアに詳しい情報が載っていましたが、1979 年に来日して 10 年以上日本で教育と演奏活動を続けたことは、全く触れられていませんでした。日本の教え子たちがまとめた詳しい資料が刊行されていましたので参考にし、来日部分を中心に加筆しました。私は 1980 年代前半にサロンコンサートでピュイグ＝ロジェの演奏を１度聴いたことがありますが、音楽を伝えるオーラが色濃く漂っていたのを覚えています。もう一人「クロード・ドゥラングル」はサキソフォーン奏者で、ニッポニカの音楽監督野平一郎の作品だけの演奏会案内を受け取りました。聴きに行くのにどんな人か知らなかったので、フランス語版から翻訳してみました。

続いて「クローディン・ゲイ」は、今年の７月から米国ハーバード大学の第 30 代学長になる人物で、黒人としては初めて、女性では２人目の方です。日経新聞に記事が出ていたのを読んで知り、英語版から翻訳しました。ハーバード大学のローレンス・サマーズ第 27 代学長は差別的発言が元で退任し、第 28 代学長に初の女性としてドリュー・ギルピン・ファウストが就任していたと知りました。

残りの「大手町資料室連絡会」「経団連レファレンスライブラリー」「国際文化会館図書室」「日本の参考図書」は、「Wikipedia70 ブログ」関連の内容です。どれも私にとって長年親しんだ専門図書館やレファレンスブックの記事で、そういうテーマの記事がウィキペディアにとても少ないので、すこしずつ書いていきたいです。

いずれの記事も完成品というわけではないので、不備なところは今後補いたいし、ほかのウィキペディアンの皆様に加筆修正していただければ嬉しいです。

# Wikipedia 執筆記事の記録 2023 年 2 月

# ガズィアンテプ空港、マリア・ステパノヴァほか

2023 年 2 月は新規記事 5 件、加筆記事 2 件、翻訳記事 6 件、計 13 件の記事を Wikipedia で執筆しました。その中からいくつかメモしておきます。

2 月初めのある日、見知らぬ英語圏の方から突然メッセージがきて、「“Doppo-an Choha”（Q116505319）というのを“独歩ーあん　著は”としてみたが日本語としてあってますか？」と英語で聞かれました。Q 番号はウィキデータの番号なのですが、“Doppo-an Choha” という言葉は全く知りません。けれど日本語としては明らかにおかしいのであれこれ調べてみると、江戸時代の俳人清水超波の別名「独歩庵超波」とわかりました。NDL デジタルコレクションでいくつか典拠資料があったので、せっかくだからウィキペディアに「清水超波」で出しておきました。質問者にはすぐ返事をしたのですが、その後音沙汰がないのでどういう方かはわかりません。それでも地球のどこかでこういうテーマに興味を持つ人がいるのを知ったのは楽しかったです。

2月6日にトルコ南部で発生した地震を受け、ウィキペディアンとして何かできることがあるだろうかと考えました。トルコに特別な縁は無いので、まずは地名を知りたく、報道される被災地の中にガズィアンテプとあるのが目に留まりました。トルコ南東部国境近くのまさに震源地です。ウィキペディアに既に記事がありましたが、そのなかの「ガズィアンテプ空港」は赤字リンクだったので、これを英語版から翻訳して9日に出しました。知らない土地の記事を訳すのはなかなか手間なのですが、空港といった施設であれば他の空港の記事を参考にできるのです。このガズィアンテプ空港にはいくつかの航空会社が乗り入れていますが、国外の就航地はほとんどがドイツの空港で、ドイツとトルコの結びつきの強さを再認識しました。公式サイトのリンクを見ると現在空港は閉鎖されておらず、飛行機も運航されているようで、少し安心しました。

その後ウィキペディアには「災害」記事執筆の指針があることを知りました。そこには災害発生直後の記事作成は避けること、なぜなら状況把握が不十分なままで名称も不確定な記事は百科事典として相応しくない、とあります。ウィキペディアは速報を載せるニュースサイトでなく百科事典なのだ、というのを改めて心にとめました。そこでじっくりニュース報道に気を付けていると、22日の新聞でトルコ・シリアの地震被災地で食事を提供しているNGO「ワールド・セントラル・キッチン」を知りました。2010年に発足したこのNGOは、まず現地に入って現地の食材で食事を作り被災者に配布。その次の段階で現地の人たちが自ら食事を作って配れるように支援していくのです。昨年はウクライナでも活動していて、これはすごいなあと思い英語版から翻訳して出しました。

また主導しているシェフのホセ・アンドレスの著書『島を救ったキッチン：シェフの災害支援日記 in ハリケーン被災地・プエルトリコ』の翻訳が双葉社から出ているのを知り、近くの図書館から借りて読み、ブログに概要をまとめておきました。この本でアメリカという国の災害救援の現場について、いろいろ知ることができました。なおトルコ・シリアの地震についてはこれからも折を見て関連記事を出していこうと思っています。トルコに縁はなくてもすこしだけ思い入れがあり、そのことは別途書いておくつもりです。（参考：【Kado さんのブログ >2023-02-27】）

ウクライナ関連では、ロシアの詩人「マリア･ステパノヴァ」

小説家、詩人、ジャーナリストのマリア･ステパノヴァ
（Евгения Давыдова、CC BY-SA 3.0、ウィキメディア・コモンズ経由で）

を英語版から翻訳しました。この人については詩人四元康祐（よつもとやすひろ）が日経新聞日曜版コラム「詩探しの旅」で紹介していて知りました。彼女は当局の監視を受ける投資家を避け、クラウドファンディングでColta.ruというメディアを立ち上げ、芸術文化の分野でロシア国内外で進行中の現代の情熱的な見方を発信しています。「colta」は元々イタリア語で、「収穫」「教育」「啓発」というような意味です。ウクライナ侵攻時にステパノヴァはアメリカ滞在中で、そのすぐ後に『プーチンの想像の産物としての戦争』というエッセイをイギリスのフィナンシャル・タイムズ紙に発表したそうです。ロシアとウクライナについても引き続きウォッチしていくつもりです。先日はロシア文学者沼野恭子さんが「ロシアを反面教師に―ロシア・ウクライナ戦争から得られる教訓」という記事を「クーリエ・ジャポン2023.2.24」に発表されていて、参考になりました。

そのほか「渋沢栄一伝記資料」が2月16日にウィキペディアの「新しい記事」に選ばれて嬉しかったです。私が書く記事は歴史の隅っこに眠っているようなマイナーな話題が多いと自覚していますが、それでも他のウィキペディアンの方が関心を持って下さったことで利用が広がればなによりです。

2月28日には国会図書館のウェビナー「日本研究のための情報資源活用法」を視聴しました。NDLデジタルコレクション以外にもデジタル化された様々な情報源とそれぞれの特性を知ることができ、これからの記事作成に利用したいと思います。

・国立国会図書館（NDL）、ウェビナー「日本研究のための情報源活用法」を開催（カレントアウェアネス -R　2023 年 02 月 06 日）【https://current.ndl.go.jp/car/172013】

## Wikipedia 執筆記事の記録
## 2023 年 3 月

# ニーナ・サドゥール、東京フィルハーモニー会ほか

2023 年 3 月のウィキペディア執筆メモです。

3 月 3 日から 8 日まで、「WikiGap イベント / オンライン 2023」が開催されました。雛祭りから国際女性デーまでの 6 日間に女性の記事をウィキペディアに増やそうというイベントなので、今回も 3 人の女性の記事を翻訳して出しました。「アナ・ブランディアナ」は 1942 年生まれのルーマニアの詩人で、1989 年のルーマニア革命後は政治家としても活動しています。日経新聞コラムに詩人の四元康祐が紹介していて知りました。2019 年に香港で開催された詩祭に参加したブランディアナは、困難な状況下の香港詩人から受け取ったメッセージに対し、「あの子たちは知っているのよ。この戦いに勝ち目がないということを。それでも戦い続けるしかないのだと」語ったそうです。多くの困難を生き抜いてきた詩人の言葉に深く頷きました。

あとの 2 人「ニーナ・サドゥール」と「マリーナ・ヴィシネヴェツカヤ」は、1950 年代生まれのロシアの作家。ロシア文学者沼野充義と恭子夫妻編訳による現代ロシア小説傑作選『ヌマヌ

アナ・ブランディアナ、2019 年作家読書月間、ポーランドのヴロツワフで（Rafał Komorowski、CC BY-SA 4.0、ウィキメディア・コモンズ経由で）

マ』（河出書房新社、2021）に載っていた作品の著者です。この本は明治学院大学図書館を 2022 年 3 月に退職する際、希望して記念品としていただきました。その年の 1 月にトルストイ『戦争と平和』を読んでいる最中に『ヌマヌマ』の書評が新聞に出て、興味を持ったのです。その直後 2 月にウクライナ侵攻が始まり、ロシアのことを知らなくてはと直感しました。実際に本のページを開くまで 1 年かかりましたが、全く知らなかったサドゥールとヴィシネヴェツカヤの作品を読んでみると、なるほど現代ロシア人の生活感、人生観というのはこういうものなのかというヒントがたっぷり詰まっていました。この小説集は引き続き読む予定です。今回 WikiGap にとりあげた 3 人とも私とほぼ同世代ですが、ずいぶん異なる世界を生きてきたのだなあと思います。

３月５日には国立(くにたち)音楽大学教授井上郷子さんのピアノリサイタルを聴きました。井上さんはチューバ奏者坂本光太さんを始めとした若い演奏家たちとしばしば室内楽を共演されているので知りました。とてもすてきなコンサートでしたので、ブログに概要を書いておきました。これまでたくさんの現代の作曲家を取り上げてらっしゃいますが、その中でウィキペディア日本語版に記事のなかった「ドイナ・ロタル」と「リンダ・カトリン・スミス」を翻訳してだしました。ロタルはルーマニア、スミスはアメリカ生まれのカナダの作曲家です。偶然ですがルーマニアの女性詩人と作曲家を知ることになり、ルーマニアという国にも興味がわいてきました。そして同時代の女性作曲家を取り上げ、作品を委嘱し演奏しておられる井上郷子さんの音楽家としての姿勢に心からのエールを送ります。

（元記事：【Kado さんのブログ＞ 2023-03-07】）

３月 25 日のオーケストラ・ニッポニカ演奏会に向けて、とりあげた５人の作曲家（山田耕筰、永冨正之、武満徹、石井眞木、野平一郎）関連の事項をいろいろ調べました。山田耕筰については既に詳しい記事がウィキペディアに載っていましたが、演奏する『曼陀羅(まだら)の華』を初演した「東京フィルハーモニー会」については詳しい記事が無かったので調べて出したところ、「新しい記事」に選ばれ嬉しかったです。その後、信頼できる典拠資料が見つかったので、いくつか書き改めておきました。

もう一人、石井眞木は作曲だけでなく数多くの音楽祭を企画、実施していたので、その中のひとつ「パンムジーク・フェスティバル東京」を調べて出しました。この音楽祭の前身「日独現代音楽祭」について、2年前から調べ始めたのにたいした資料が見つからず、ずっとペンディングのままでした。それが昨2022年12月NDLデジタルコレクションに全文検索機能がついたとたん、関連資料がたくさん見つかったのです。そのおかげで一通りの記事を書くことができました。音楽祭というのは終了してしまうとどんな作曲家のどんな曲が演奏されたのか調べるのがなかなか大変なので、これからも折をみて記事にまとめていきたいと考えています。

その他に3月は新聞書評で見た『傷つきやすいアメリカの大学生たち』(草思社、2022) を読み、英語版にあった記事を翻訳して出したところ「新しい記事」に選ばれました。1995年以降に生れたいわゆるZ世代 (本の中ではiGen = iGeneration) が大学生となり、アメリカの大学で新たに引き起こしてきた数々の問題について分析し、その対応について提案している本です。本の中で付箋を貼った箇所をブログにまとめておきました。この本を読むと、そうした世代の存在を決して悲観視せず、さまざまな方策で対処しようとしている著者たちの活動があることがわかり、アメリカという国の一つの側面が理解できます。日本にそのままあてはめるわけにはいかないにしても、多くのヒントが得られると思いました。

（元記事：【Kado さんのブログ＞ 2023-03-19】）

月末には東京大学情報学環吉見俊哉教授の最終講義「東大紛争 1968-69」のアーカイブ配信を視聴しました。私は東京の高校生として東大紛争をリアルタイムで経験しましたので、興味深かったです。吉見教授は社会学者としての立ち位置も明確に述べられていてよく理解できました。情報学環は渋沢栄一が設立に関わった東京帝国大学新聞研究室にルーツを持つことも、不思議な縁を感じます。これに関連したことを何かウィキペディアに書けるかどうか考えています。

＊参考

・吉見俊哉教授の最終講義のアーカイブ配信（4 月 30 日まで延長されました）【東京大学大学院情報学環・学際情報学府＞ニュース＞ Mar 22, 2023】
・一般教育 B〔教育〕【渋沢栄一関連会社名・団体名変遷図＞社会公共事業＞教育】

# Wikipedia 執筆記事の記録
## 2023 年 4 月
## 鈴木米次郎、東京オーケストラ団、鬼頭梓ほか

このところ翻訳記事作成に時間をたくさん使い過ぎていた気がしたので、４月は少しセーブしました。最初から新しく記事を出すには典拠となる資料をそれなりに読み込む必要がありますが、そうした時間をたっぷり楽しみました。

３月にウィキペディアに出した「東京フィルハーモニー会」を創設したのは「鈴木米次郎」ですが、この人物は東洋音楽学校（現在の東京音楽大学）創設者であるのにウィキペディアに記事が無かったので、新たに立項しました。参考にした『音楽

『音楽教育の礎：鈴木米次郎と東洋音楽学校』春秋社（HD）

教育の礎：鈴木米次郎と東洋音楽学校』（春秋社、2007）を読んだところ、関東大震災で東洋音楽学校が灰塵に帰した際に、かつての教え子である鳩山一郎ら政財界の大物たちが、恩返しに鉄筋コンクリートの校舎を寄贈した、という話があって驚きました。またその教え子の一人に渋沢栄一の初孫である穂積重遠の名前があり、ほう、と思いました。鳩山や穂積が通っていたのは、今の筑波大学附属中学校・高等学校で、戦前は男子校でした。音楽は女のやるものだという明治時代に男子校で音楽を教えるのは並大抵の苦労では無かったと思うのですが、鈴木米次郎は真摯にそれに取り組み、希望をもって音楽を指導し、その姿勢が生徒に伝わったのだと感じ入りました。

もう一つ、「東京フィルハーモニー会」から派生した「東京オーケストラ団」も興味深かったので、新規に立項しました。音楽学校卒業生の就職先として、客船の楽士に目を付けた鈴木米次郎の教育者としての気概に感激しました。太平洋航路の客船は往復40日くらい航海したそうですが、そこで毎日クラシックやジャズやダンス音楽などを楽士たちは演奏していたのです。朝の起床ラッパはトランペット奏者が担当し、特別手当がでたとのこと。また上陸したアメリカで現地の音楽をたっぷり吸収し、現地で楽譜を入手してすぐにレパートリーに加えていきました。そうした船上の音楽活動が30年くらい続き、帰国した楽士たちが国内で活躍していったのでした。典拠資料として大森盛太郎著『日本の洋楽』（新門出版社、1986）という上下2冊本を図書館で閲覧したのですが、明治以降の日本の洋楽受容について非常に参考になったので、古書店から入手してしまいました。そこには船の上でどういう音楽が演奏されていたか、楽士たちがアメリカのジャズ奏者たちとどういう交流をしたかなど、様々な事が載っていたのです。アメリカの音楽がそういうルートで日本に入って来ていたことを改めて認識しました。この記事はウィキペディアの「新しい記事」に選ばれ、多くのウィキペディアンの方がチェックしてくださり、早速カテゴリーが修正され有難かったです。

4月23日に「Wikipedia ブンガク 9 小津安二郎」が開催されたので、オフサイトで参加し、「デヴィッド・ボードウェル」を翻訳して出しました。この人物はアメリカの映画理論家、映画史家で、「小津安二郎」の記事の中で赤リンクだった人です。この人には『小津安二郎：映画の詩学』という著作があり、日本語訳が青土社から1993年に出ていたので、600ページを越えるぶ厚い本を図書館から借りてきました。小津の全作品につ

映画産業の経済学について講義するデヴィッド・ボードウェル(PD)

いて1作ずつ詳細な解説を執筆したもので、アメリカにこういう研究者がいることに驚きました。小津の作品は『東京物語』くらいしか知らないのですが、一時代を画した映画監督だったのがよくわかりました。

2008年に亡くなられた建築家鬼頭梓さんは、図書館建築のパイオニアとして知られています。鬼頭さんの建築にフォーカスした展覧会が京都工芸繊維大学美術工芸資料館で6月10日まで開かれているという記事を、毎日新聞で読みました。argの岡本真さんがこの展示に関連したイベントをなさるというので、ウィキペディアの「鬼頭梓」の項目を改めて見たところ、建築家としての業績は一応掲載されているようでしたが、出典がほとんどついていません。これは残念と思い、著作などいろいろ調べて出典を追加し、本文も加筆しました。五十嵐太郎、李明喜 編『日本の図書館建築：建築からプロジェクトへ』（勉誠出版、2021）は役立ちました。なお鬼頭夫人の鬼頭當子（きとうまさこ）さんは元ICU図書館長で、私は学生時代にそこで実習して以来お世話になりました。ICU図書館は図書館の教科書と言われていて、カードボックスのコーナーには書名や著者や主題カードの隣に人物典拠カードがずらっと並んでいたのが忘れられません。典拠コントロールの大切さもそこで実際に学びました。鬼頭當子さんは図書館学校の大先輩でもあり、毎年ご夫妻連名の年賀状をいただいていた時期もあります。そこにはいつも「Dona nobis pacem」（我らに平和を与えたまえ）とラテン語の典礼文が書かれていたのを、なつかしく思いだします。鬼頭當子さんの記事も機会があったら立項したいものです。

鈴木まもる『戦争をやめた人たち：1914 年のクリスマス休戦』あすなろ書房刊（HD）

鈴木まもるの絵本『戦争をやめた人たち』（あすなろ書房、2022.5）を太田尚志さんの Facebook で知りました。第一次大戦が起きて 5 か月たった 1914 年 12 月のクリスマスに、戦場で向きあうドイツ軍とイギリス軍の間に実際に起きた停戦を描いた物語です。図書館で借りて読み、戦場という狂気の場で相手をおもんぱかる心もちの気高さに思い至りました。この本をウィキペディアの「クリスマス休戦」の参考文献にあげておきました。

4 月 10 日と 12 日のウィキメディア財団のブログ Diff に、私の「Wikipedia70 ブログ」を再び取り上げていただきました。この「執筆記事の記録」記事 1 月から 3 月までのものです。ありがたいことです。実際に毎月振り返ってみることで、新たな道筋も見えてくることがわかりました。

・Diff の活用例 #1|Diff【https://w.wiki/6k5d】
・2023 年 3 月のウィキペディアを振り返る |Diff【https://w.wiki/6k5e】

# Wikipedia 執筆記事の記録<br>2023 年 5 月<br>ヤニナ・レヴァンドフスカ、<br>国際俳句協会ほか

小林文乃『カティンの森のヤニナ：独ソ戦の闇に消えた女性飛行士』(河出書房新社、2023) を、毎日新聞書評で知りました。評者は『ヌマヌマ』のもう一人の訳者でスラブ文学者の沼野充義さん。丁度 NHKFM でパヌフニク作曲『カティンの墓碑銘』を聴いたばかりで、興味を持ち本を図書館から借りて読みました。第２次大戦中にロシア西部にあるカティンの森で、何万というポーランド人がスターリンの指示で殺害された事件が舞台です。この本は、ただ一人の女性犠牲者である「ヤニナ・レヴァンドフスカ」という、パイロットの足跡を取材したものです。

小林文乃著『カティンの森のヤニナ』(河出書房新社刊)

戦場の狂気が渦巻く中で目を覆いたくなりつつ、著者の志の高さにぐいぐい引っ張られ最後までページを繰りました。ヤニナがソ連軍に捕まったポーランドの地名を調べると、現在はウクライナになっており、歴史に翻弄されている彼の地の有様に思わず天を仰ぎました。ヤニナの記事はウィキペディアの 22 か国語版に出ていたので、英語版から翻訳し、本でわかった情報も加筆してウィキペディアに出したところ、「新しい記事」に選ばれました。

もう 1 冊、日経新聞書評で気になった最相葉月『証し：日本のキリスト者』(KADOKAWA、2023) を読みました。日本全国 135 人のキリスト教信者へのインタビューをまとめたもので、クリスチャンでない私には初めて知ることが多くありました。その中で、北九州市若松区を訪れた著者が教会の牧師に案内され、「若松沖遭難者慰霊碑」を見た話が載っていました。戦前に日本へ強制連行された朝鮮出身者たちが、終戦直後の

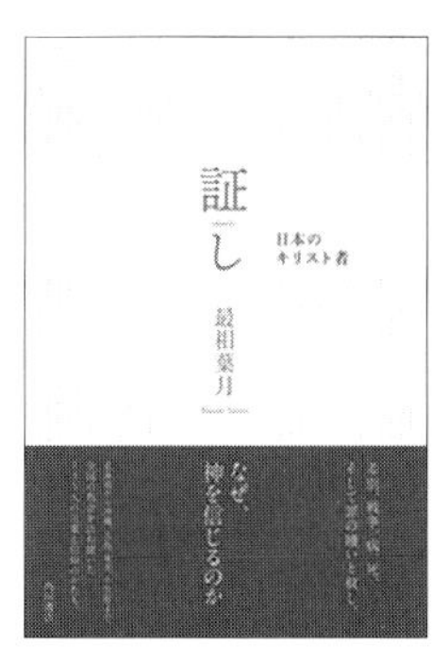


最相葉月著『証し』(KADOKAWA 刊)

1945年9月に帰国する途中で枕崎台風にあい、船が転覆し遭難したのです。海岸に流れ着いた遺体はその後墓地に埋葬され、1990年に慰霊碑が建てられました。若松浜ノ町教会では毎年追悼集会が開かれているそうです。この出来事はウィキペディア上には見当たらなかったので、「枕崎台風」の記事の最後に追記しておきました。

日経新聞の連載小説『陥穽（かんせい）』を毎日楽しんでいます。副題は「陸奥宗光の青春」で、辻原登の作です。その中に陸奥の父親伊達宗広著『大勢三転考』という書物が出て来て、重要な文献と知りました。NDLデジタルコレクションで全文が公開されていることがわかり、ウィキペディアの「大勢三転考」と伊達宗広の記事名「伊達千広」の記事にリンクをつけておきました。辻原登の小説『韃靼の馬』を以前に日経連載で読んで感動したのですが、こちらは江戸時代の日本と朝鮮の関係史を扱ったもので、朝鮮から日本に数々の文物をもたらした朝鮮通信使をめぐる物語でもあります。小説でなくては描けないダイナミックな展開を毎日ゾクゾクしながら味わったものでした。

外国語の俳句に興味がわいたことから「国際俳句協会」という団体を知り、フランス語版ウィキペディアにはありましたが、日本の団体なので図書館に通っていろいろ資料を集め、翻訳でなく新規にウィキペディアに出しました。これは「新しい記事」に選ばれ、それはそれで嬉しかったですが、それよりもこの協会の講演会にベルギーのルーヴェン大学のウィリー・ヴァンドゥワラ教授が熱心な俳句紹介者として登壇されていたのに驚きました。ヴァンドゥワラ教授はEAJRS（日本資料専門家欧州協会）の中心人物で、渋沢財団から出張した際何度もお世話になりました。会議では英語も日本語も自由に駆使して的確なコメントを出され、参加者皆に慕われていました。国際俳句協会の講演でもヴァンドゥワラ教授は、日本近代俳句史に沿いながら俳句は単なる自然詩以上のものであると、流暢な日本語で語られたそうです。日本の俳句が海外でも深く読まれ、愛されていることを出席者は感じ取った、と資料にありました。そういえばオランダのライデン大学がEAJRSの会場だった時には、ライデンの街の建物の壁に「荒海や佐渡によこたふ天の川」という芭蕉の句が大きく書かれているのをびっくりして眺めたものです。会議をホストしたライデン大学日本研究科の学生達は、懇親会で見事な和太鼓でソーラン節の演奏を披露してくれまし

小林昌樹『調べる技術』皓星社刊（HD）

た。

2022年暮れに出て話題になっていた小林昌樹『調べる技術：国会図書館秘伝のレファレンス・チップス』（皓星社）を入手して、NDLリサーチ・ナビにある「人文リンク集」を知りました。その中の「日本文学」の翻訳書誌に「Index translationum」があって感動しました。ユネスコが作っているデータベースで、図書館学校で習いましたが当時は冊子体しかなく、その後縁が無かったのですっかり忘れていたのです。1979年以降のデータはオンラインで検索できるようになっていました。一般にはあまり知られていないと思うので、ウィキペディアの英語版から翻訳して「インデックス・トランスラチオヌム」として出しておきました。このデータベースの統計を眺めていると、世界中の翻訳の動向が見えてきて面白いです。日本語から翻訳された上位10人を調べたら、作家が6人、漫画家が4人でした。

トルコ語と鈴木孝夫先生の話。図書館学校に通っていた頃、「鈴木孝夫先生の言語学がすこぶる面白い」という話を聞いて興味を持ち、指導教授であった小林胖（ゆたか）先生から「語学は図書館員の武器」と聞かされていたこともあり、翌年度に鈴木先生が唯一開講されたトルコ語の講義に通いました。私にとって初めてイスラム圏の文化に触れる機会となり、言葉の背後にあるトルコの歴史や社会に思いを馳せました。また「外国語を学ぶことは日本語を知ること、自分を知ること」という理念に貫かれた鈴木先生の講義は、目から鱗が連続の時間でした。先生の『ことばと文化』『閉ざされた言語・日本語の世界』『武器とし

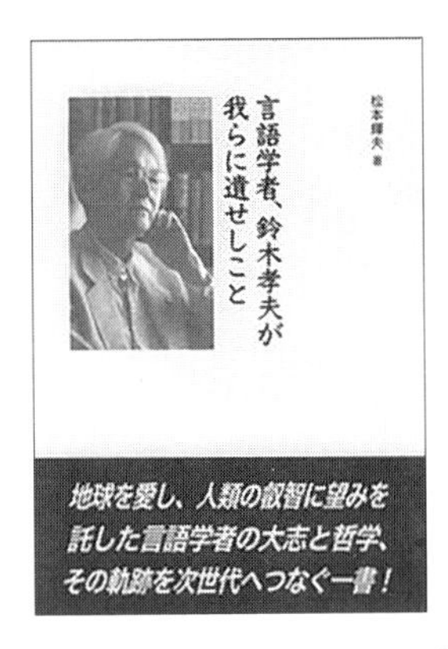


松本輝夫著『言語学者、鈴木孝夫が我らに遺せしこと』
（冨山房インターナショナル）

てのことば』といった著作をむさぼるように読んだのを懐かしく思い出します。クラスメートはそうした鈴木先生を慕う人ばかりで、そのうちの一人Ｏさんとは以来年賀状を交換しています。卒業後半世紀近く会ったことは無いのですが、2022年オーケストラ・ニッポニカがクラウドファンディングに挑戦した際は、「トルコ語同級生」の名義で応援くださり、何とも嬉しいことでした。

今回ウィキペディアの「鈴木孝夫」の項目を見ると、経歴部分の典拠が不足していたので、松本輝夫『言語学者、鈴木孝夫が我らに遺せしこと』という冨山房インターナショナルからこの４月に出た本を図書館から借り、巻末の年譜から出典を追加しました。「主義・主張」の部分は先生の著作のみが典拠なので、客観的な典拠を追加するのが望ましいのですが、調べて改訂するには力不足なのでいつか機会があればやってみたいです。

# あ と が き

ライブラリーコーディネーターの高野一枝さんに誘われて編集に関わった『図書館司書 30 人が選んだ猫の本棚』が出たのは、2021 年のことでした。翌年には『図書館司書 32 人が選んだ犬の本棚』も出しましたが、私が担当したのはいずれも校閲と索引で、本文は少しも書かなかったのです。すると出版した郵研社の登坂和雄社長から、「門倉さんも何か本を書いてみませんか」とご提案いただきました。「頼まれた原稿は断らない」のを信条にしてきましたので、ここは何か書いてみようという気持ちになり、私の頭の中は「ウィキペディア」でいっぱいでしたので、それを主題に構想を練りました。登坂さんは図書館か司書の話題を期待されていたようで、構想を紙に書いてお見せしたら、きょとんとされていました。そこでどんな内容の本になるかあらかじめご覧になっていただきたいと思い、2022 年 10 月から始めたのが『「70 歳のウィキペディアン」のブログ』です。しばらくすると登坂さんから、「これでいきましょう」とゴーサインをいただきました。本書にはこのブログに 2023 年 5 月までに書いた記事に加筆したものと、別途綴った「ロシアの話：音楽、小説、俳句」を収めました。リサの仲間である伊藤理恵さんは、イラスト使用を快諾くださいました。

実際にブログに文章を書いていくと、あれこれ新しい発見があったり、別の話題に関心が広がったり、ワクワクした毎日でした。一方でこうした個人の経験談を出すのは意義があるのか不安にもなりました。そこで先輩ウィキペディアンの海獺さんに話すと、「それは楽しみ」と背中を押されました。また息子より若いウィキペディアン Eugene Ormandy（ユージン・オーマンディ）さんからもエールをいただき、私のブログをウィキメディア財団の公式ブログ「Diff」で何度もご紹介くださいました。当初は同世代をターゲットに書き始めたのですが、若い世代にも受け入れられる可能性を感じることができ、弾みがつきました。さらにベテランウィキペディアンの Asturio Cantabrio さんは、お目にかかったことは無いのですがブログの読者となってくださり、Twitter に出すといつも「いいね！」して下さって励みになりました。他にも見ず知らずのたくさんのウィキペディアンの皆さんが私の出した記事に手を加えてより良いものにしてくださったり、「新しい記事」に選んでくださったりしました。この場を借りて皆様に深く感謝申し上げます。

ブログを書き進める中で、典拠資料を探すためにインターネットだけでなくいろいろな図書館を利用しました。国立国会図書館は最も利用したところで、オンラインで見られない資料を見に何回も永田町の本館に通いました。本文に何度も書きましたが、NDL デジタルコレクションの充実ぶりにはしばしば感動しました。また都立中央図書館や近くの公共図書館は強力な情報源でした。慶應義塾大学三田メディアセンターも頻繁に利用し、学生時代に利用していた資料に再会して感慨に浸ることもありました。いずれも「自分の頭で考える」ために使う「図書館」という存在の奥深さ、有難さを強く感じた経験でした。そうした経験をたくさん積んでいると、ChatGTP など AI の利便性や限界がよく見えてくるものだとも思いました。

これまで加筆も含めて 170 件近くの記事を書いてきました

が、この本ではそのうち約半分、83件の記事に触れることができました。触れられなかった記事の中の「ニーガームジーク」と「灰色文献」も含め、これまで12本の記事がウィキペディアの「新しい記事」に選ばれました。改めて書いてきた記事をながめると、私の場合はたいてい新しい本や音楽などに触れた時、疑問に思ったことを調べたのがウィキペディア執筆に繋がっているのに気が付きます。ウィキペディアに情報が載っていても不十分なことも多く、すぐにそれを補いたくなるのですが、全ての問題に首をつっこむわけにはいきません。それにやればやるほど、ウィキペディアの世界は奥深く際限がないことを感じます。

第1章の「百科事典との出会い」に書いたように、「百科事典」は「それが生れた時代の知識の総体を測る、バロメータである」というのが、百科事典についての私の原点です。しかし現在のウィキペディアは内容のバランスがとても不均衡で、分野による記事の量や質のバラツキが多々あります。日本語版ではアニメや鉄道関係記事はものすごく充実していますが、私の関心がある分野はかなり手薄で、日本語版に無くても外国語版にあることが多く、しばしば翻訳記事を作りました。こうした不均衡に日々接していると、バロメータというにはまだまだ道半ばであるのがよくわかります。個々の記事の品質を高め、記事全体のバランスが少しでも均衡のとれたものにするには、個人の力だけでは遠く及ばず、多くのみなさんの参加を心から願っています。

2023年10月

門倉 百合子

# 索　引

## 【索引凡例】

1．索引は、①人名索引、②団体名索引、③事項索引、④Wikipedia 執筆記事名索引の4種類を作成しました。見出し語の収録範囲は、「はじめに」「本文」「写真キャプション」「あとがき」です。

2．和文の見出し語は五十音順に配列し、次に欧文の見出し語をABC 順に配列しました。長音は無視しました。

3．見出し語の後の数字は、その言葉が現れるページを示しています。

4．参照の指示は、→（を見よ参照）および、⇒（をも見よ参照）を使用しました。人名、団体名の別表記は、参照を使わず見出し語の後ろに（　）にいれて表示したものもあります。

5．　索引ごとの凡例

①「人名索引」は、人名およびハンドルネームを見出し語としました。ハンドルネームの後ろには☆印をつけてあります。人名は姓名の順で、外国人名は「姓，名」と倒置しました。一方ハンドルネームは倒置せず、記事のとおりとしてあります。

②「団体名索引」では、団体名の法人格は省略しました。

③「事項索引」にでてくる作品名（書籍・雑誌、音楽、映画等）は『』でくくり、俳句、電子ジャーナル、ブログ、TV 番組、データベース名等は「」でくくりました。

④「Wikipedia 執筆記事名索引」では、Wikipedia 日本語版に新規に立項した記事、外国語版から翻訳して立項した記事、既存の記事に大幅加筆した記事の合計 85 件について、記事名の 50 音順に配列しました。外国人名は倒置せず、記事に現われるとおりとしてあります。ウィキペディアンの投票により「新しい記事」に選出されたものには、記事名の後に★印を付けました。また記事名のあとに【一言解説】として、記事の簡単な解説を付記しました。

＊参考文献

・藤田節子『本の索引の作り方』地人書館、2019 年　ISBN 978-4-8052-0932-5

# 人名索引

## さ



## た

## な



## は



## ま

### や



### ら



### わ



### ABC

# 団体名索引

**団体名　ページ**

### な



### は

## ま



## ゆ



## ら



## わ



## ABC

# 事項索引

**事項名　ページ**

### あ



### か

**な**



**は**



**ま**

# Wikipedia 執筆記事名索引

記事名（★は「新しい記事」選出）【一言解説】ページ

## あ



## か

## さ



## た

## な



## は



## ま

## や



## ら



## わ



## ABC

〈著者プロフィール〉

**門倉百合子**（かどくら　ゆりこ）

1952年東京生まれ。人生100年時代をWikipediaの執筆で満喫している独立系司書。1975年上智大学文学部ドイツ文学科を卒業後、慶應義塾大学文学部図書館・情報学科3年編入。1977年同大学卒業後、専門分野の資料を扱う種々の専門図書館で仕事を重ねる。2005年から2017年には公益財団法人渋沢栄一記念財団実業史研究情報センター（現在の情報資源センター）にて、「渋沢社史データベース」を始めとした種々の情報資源開発に携わった。2016年からWikipediaの執筆を開始し、これまでに約170件の記事を作成、加筆している。

70歳（ななじっさい）のウィキペディアン
～図書館（としょかん）の魅力（みりょく）を語（かた）る～
A 70-year-old Wikipedian talks about the charm of libraries

2023年11月3日　初　版　第1刷発行

著　者　門倉百合子 
発行者　登坂　和雄
発行所　株式会社　郵研社
〒106-0041　東京都港区麻布台3-4-11
電話（03）3584-0878　FAX（03）3584-0797
ホームページ http://www.yukensha.co.jp

印　刷　モリモト印刷株式会社

ISBN978-4-907126-61-2　C0095
2023 Printed in Japan